科学认知相对论
参照系理解宇宙奥义

理解宇宙的基本组成部分如何运作，必须理解相对论，一切问题皆由"参照系"决定。事实上，人们对相对论既熟悉又陌生，从伽利略相对论到爱因斯坦相对论，鲜有人能深度理解。

欲理解电路的工作原理？不妨如物理实验课那样，自己动手搭建一个电路，从中理解电压、电阻、电流之间的关系。同理，要想真正理解相对论，不妨从相对论描述的宇宙着手，逐步构建一个全新的宇宙。

《宇宙相对论》构架了这一宇宙模型，从空间、时间、物质、运动、引力、生命等多维度诠释相对论与它们的关系，阐述参照系的选择对我们理解世界、宇宙、生命具有的重要意义，认识宇宙演进规律背后潜藏的根本机制。

本书列举了许多有意思的思想实验以形象地解释时间膨胀、质量膨胀、尺缩效应等奇妙现象，如著名的雷击列车实验、车辆碰撞实验、水桶实验、光时钟实验、铆钉实验、时光机实验……作者用公式和示意图演示了实验中的数学计算与相对论效应，科学地论述了空间与时间、速度与时间的变性关系。

理解相对论的核心并不困难，重点在参照系选择，参照系的变化〔带〕来结果的变化。理解相对论，在数学水平上只需高中文化，但在〔水平〕上需要你的大胆想象——站在系统之外看系统，站在宇宙之〔外……〕

〔……相对〕论的角度解读质能方程、引力方程、场方程组，用闵〔氏时空探〕讨空间弯曲，用广义相对论推导引力波，逻辑清晰、论〔……作〕者在附录中陈列了精彩的"狭义相对论"简明公式推导，〔适〕合爱好科学的读者阅读。

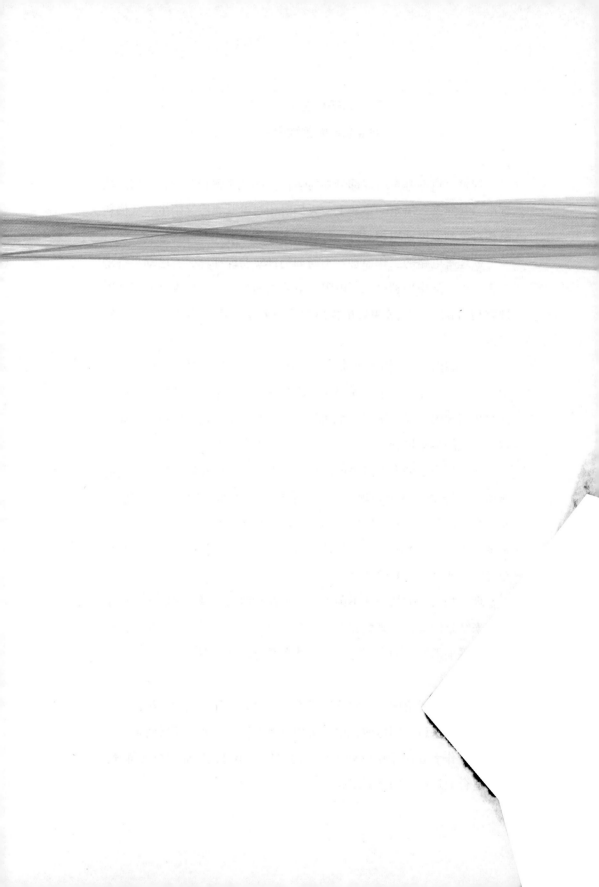

科学可以这样看丛书

THE REALITY FRAME
宇宙相对论

参照系理解宇宙与生命

〔英〕布莱恩·克莱格（Brian Clegg） 著

杨桓　唐禾　译

光时钟理解狭义相对论
水桶实验、铆钉实验阐述相对论
从模型宇宙解读相对论本质

重庆出版集团 重庆出版社

版贸核渝字(2018)第001号

图书在版编目(CIP)数据

宇宙相对论 / (英)布莱恩·克莱格著;杨桓,唐禾译. —重庆:重庆出版社,2021.8(2022.5重印)

(科学可以这样看丛书/冯建华主编)

书名原文:THE REALITY FRAME

ISBN 978-7-229-15869-9

Ⅰ.①宇… Ⅱ.①布… ②杨… ③唐… Ⅲ.①相对论②宇宙学 Ⅳ.①O412.1②P159

中国版本图书馆CIP数据核字(2021)第106856号

宇宙相对论

YUZHOU XIANGDUILUN

〔英〕布莱恩·克莱格(Brian Clegg) 著

杨 桓 唐 禾 译

责任编辑:连　果

责任校对:何建云

封面设计:博引传媒·邱　江

重庆出版集团
重庆出版社 出版

重庆市南岸区南滨路162号1幢　邮政编码:400061　http://www.cqph.com

重庆出版社艺术设计有限公司制版

重庆市国丰印务有限责任公司印刷

重庆出版集团图书发行有限公司发行

全国新华书店经销

开本:710mm×1000mm　1/16　印张:14.25　字数:180千

2021年8月第1版　2022年5月第3次印刷

ISBN 978-7-229-15869-9

定价:56.00元

如有印装质量问题,请向本集团图书发行有限公司调换:023-61520678

Advance Praise for *THE REALITY FRAME*
《宇宙相对论》一书的发行评语

　　《宇宙相对论》记录了科学史上的精彩片段，同时陈述了大量的现代物理学知识。

——《独立报》（*The Independent*）

　　作者将科学的伟大思想编织起来，带我们踏上了一段从空白到人类心灵的惊险旅程。

——《科克斯书评》（*Kirkus Reviews*）

谨以此书献给
吉里安、切尔西和蕾贝卡

布莱恩·克莱格的其他著作

《量子时代》

《量子纠缠》

《十大物理学家》

《超感官》

《科学大浩劫》

《构造时间机器》

《麦克斯韦妖》

《骰子世界》

《人类极简史》

目录

1 □ 1 入门

12 □ 2 虚无

34 □ 3 素材

67 □ 4 时间

86 □ 5 运动

106 □ 6 引力

141 □ 7 生命

166 □ 8 创造与革新

194 □ 9 基本关系

208 □ 附录:简明狭义相对论

1 入门

相对论是本书的核心。我们习惯于认为相对论即爱因斯坦 (Einstein) 在物理学中提出的那一系列的繁杂内容（当然，爱因斯坦的成果的确是相对论的组成部分），但相对论还有大量的其他内容。

欲从基础层面体悟相对论，我们需要来一趟时光之旅，回到 1624 年，去意大利（Italy）中部翁布里亚（Umbria）的皮耶迪卢科湖（Lake Piediluco）见见伽利略（Galileo）。据说，当年，伽利略正和一群朋友远足，他们乘坐在一艘由数人划动的船上，欣赏着漂亮的湖景。当时，他们正以很快的速度在水面上划行。有传闻称，伽利略当时问自己的朋友斯泰卢蒂（Stelluti），能否从他那借到一个有分量的物品。斯泰卢蒂勉强地将自己家的钥匙递了过去。那是一把 400 年前的钥匙，可不是今天我们熟悉的精致小巧的月牙钥匙，那时的钥匙多为大大的铁家伙且极难匹配替换。

让斯泰卢蒂惊恐的是，伽利略从自己手里拿过钥匙后用尽全力地扔了出去——他将钥匙垂直地扔上了天空。你可别忘了，船仍在以不低的速度向前运动。故而，斯泰卢蒂已做好了随时跳进湖里的准备，他担心自己的钥匙掉下来时船已划走了，这枚珍贵的钥匙会在船的后方掉入水中。同时，他的朋友们必须得拽住他，避免他在抓钥匙的过程中完全落水。结果是，钥匙掉回了伽利略的腿上。

这个故事的真实性尚待商榷——许多有关伽利略的故事都缺少事实证据的支持。不过，可以肯定的是，在做某些事情的时候伽利略充满了自信，他做的这些事在后来被称为相对论。依照自然假想，斯泰卢蒂认为，当沉重的金属钥匙还处于空中时，快速运动的船会从其下方划走。然而，他并未透彻地理解"运动"的真实含义，伽利略却有过认真思考。

体系之内

无论何时，只要某事件涉及"参照系"（对某事件进行观察时，其所处的特定环境及状态），就涉及了相对论，这恰好是发生在伽利略的小船上的事件。相对论既是看待事物的方式，也是理解事物如何发生交互作用的必然要求。在物理学中，某些客观事实一旦被孤立，就失去了意义。对这类现象，我们必须使用相对性去理解。引用相对性，就必须选择一个参照系，以作为客观事实的背景。在相对论中，相对性涵盖很广，小至能测量运动的全部参数，大至能探索我们宇宙所处位置的参数。相对论可以预测一场车祸会造成多大伤害，也可以预测时间中的旅行，还可以解释引力发挥作用的机制。感受相对论的作用、理解它为何总是违背我们的直觉，的确有些困难——要对这一理论有坚实的理解，我们必须从头开始，重新塑造我们的宇宙观。

重塑宇宙观显然是个大型任务。现实一点来讲，对于宇宙的复杂性，我们只能来一次惊鸿之瞥。即便这样，也足够我们探索相对论那包罗万象的本质。

在揭示相对论用途的过程中，参照系的概念非常重要。参照系是事件运行时的背景，它可以是纯粹物理性质的体系。对此，我用一句戏剧脚本中经常见到的描述举例，"艾玛（Emma）从左边走到了右边。"如果没有参照系，我们不可能知道左右，应按谁的视角来看待这一行动。显然，坐在观众席往舞台上看与坐在后台看向观众席，左右不同！没有清晰的参照系，我们不知道扮演艾玛的演员该往哪个方向行走。因此，戏剧脚本通常会用"舞台左侧"或"舞台右侧"作表述，以使背景清晰。

　　"左"与"右"这样的术语本身就是相对的。先有一个参照系存在，这两个术语才能真正具有意义。这样的物理学系统给我们带来了相对论的最基本形式。回到伽利略游湖的例子，以湖岸或水作参照时，船在运动，这显然是真实情况，是不证自明的事实。但那样的运动不能被认作具有绝对性——比如，以船上乘客作为参照系，船仍然在运动，乘客将会很快落在船的后方，变成落汤鸡。真实情况是，从乘客的角度看，船并未运动，是水和湖岸（事实上是整个地球）向他们的后方运动。

　　如果乘客中的某个人将自己的手指放入湖中，上述现象会变得明显——他能在皮肤上感觉到水流正向后方运动。发生于钥匙上的事件与此相同。在以船为参照系的系统中，钥匙并未向前或向后运动，只是发生了向上以及向下的运动。所以，钥匙最终无处可逃地掉进了伽利略的腿上，并未留在船的后方并没入湖水。

　　斯泰卢蒂为钥匙掉入水中的推理，提供了一个线索，使这一误解变得没那么令人难堪——钥匙离开了船，作用在船和钥匙上的力不再相同。二者都会受到向下的重力作用，二者都会受到空气阻力作用使其减速。不过，船还会受到另外两种力的作用——来自水体的更强大的减速阻力，以及划桨人使船向前运动的力。试想，如果钥匙在空气中停留足够长的时间，且不能受到任何向前的推力，它会在空气阻力的作用下减速。数学上，如果钥匙在空气中停留的时间达到某个值，船终究会越过钥匙落下的位置。实际上，案例中的物体太重，空气阻力的影响几乎可以忽略，不会出现极端结果。换个角度，如果伽利略向空中抛起的是一张纸片，结果或许完全不同。

　　如果不考虑上述陈述的不同力的情况，以船作参照系，扔钥匙这一动作实际上仅使钥匙发生了向上及向下的运动。在以船为参照系的系统中，是地球、湖水在运动。伽利略将这一概念作了外延——假设船匀速运动，且船体完全封闭（没有窗户，乘客看不见船外发生的事；同时，封闭的船还能隔绝乘客对空气流动的感知），那么，在船体内部进行的任何物理试验，均无法说明船是否处于运动状态。

人类的情感

在重塑宇宙观的过程中，对于能实现伽利略相对论的所有物理学条件，我们都必须去理解——我们还要理解爱因斯坦在相对论中提出的孪生佯谬理论。孪生佯谬理论是一种特殊且广义的理论，它包含了一些伽利略从未考虑过的因素。然而，在尝试理解人类在宇宙中的存在方式时，我们还得更深入一些。生命进步的核心是进化——与舞台方向问题类似，如果没有参照系，我们无法理解进化。不过，在进化这一事件中，我们选取的参照系并未涉及确定的方向，我们采用的是那些能使进化得以发生的环境。进化是针对某事件的响应，这一事件可以是竞争者、可用资源，甚至是 DNA 读取错误造就的突变。鉴于此，进化需要参照系，相对论必然成为研究进化的核心。

当我们讨论人类时，还需要更进一步的深入思考。我们必须考虑人类的创造力，这一力量本身就构建起了一类完善的参照系。创造力可以体现在我们看待世界的方式，或是我们需要迸发的某个观点，或是我们将要创造的新事物。创造力参照系的相对性，与物理学参照系的相对性一样，只是前者涉及的是认知与概念的相对性。

在一部著名的电视连续剧中，创造力参照系方面的故事尤为突出，这一连续剧就是雅各布·布罗诺夫斯基（Jacob Bronowski）主持的《人类的攀升》（The Ascent of Man）。我还保留着父母留下来的图书《人类的攀升》——这也是他们有生之年购入的唯一一本此类书籍。布罗诺夫斯基出生于波兰，随父母迁至英国后，他在剑桥接受教育。完成这一连续剧后不久，布罗诺夫斯基就过世了。除了在职业生涯末期前往加利福尼亚州圣迭戈（San Diego, California）的索尔克研究所（Salk Institute）工作以外，布罗诺夫斯基将自己所有的职业生涯几乎都奉献给了剑桥。

布罗诺夫斯基原本是一名数学家，第二次世界大战期间他曾耕耘在运筹学的应用数学领域。后来，他转向了生物学，这些时光给予了他非同寻常的广阔的学术经历。这一经历再加上他的热情，使他成为了这一连续剧的理想主人。布罗诺夫斯基意识到，我们不可能从人类文化的发展中将科学史剥离——因此，我们为人类无处不在的成就而欢庆，同时，也因为他提出的观点这一节目具有了特殊性。

在随同这一连续剧同步发行的书中，布罗诺夫斯基写道：

> 无论是通识知识，还是某门特定科学，均非抽象概念构成，它们皆是由人们迸发的思想所构成。从知识的最初产生，直至知识的现代形式及其特殊模型，均是如此。因此，我们必然能证明，那些解开自然奥秘的基础概念早早地就出现在了古人类的简单文化中，它们来源于那些基本而又特有的人类技能。科学的发展渐渐融于了人类文化并与之形成了越来越复杂的关系，因此，我们必须以看待人类那样的方式来看待科学的发展——探索，不仅由思想完成，更由人类完成。因此，探索这一行为本身就具有生命，同时也拥有个性。

某些方式会抽象、孤立地收集现实证据，它们可以呈现科学的发展过程，但在《人类的攀升》中，作者生动探讨的内容并非于此。相反，他探讨的结果将科学（以及艺术）描绘成了盛放的智慧之花，代表着人类文化的巅峰。这部连续剧的标题就已将布罗诺夫斯基的观点体现了出来。当然，标题的词语是在调侃达尔文的著作《人类的由来》（The Descent of Man），"攀升"一词的表述清楚恰当（译注：Ascent 与 Descent 是反义词，但在达尔文的书中，Descent 被翻译为由来而非下降）。也许，我们仅是一种哺乳动物，由于我们的存在，这一喧嚣的世界可能会变得一团糟。也许，我们仅是一颗小小的行星上的居民，而这颗小小的行星也仅是这广袤宇宙间的一粒尘埃。然而，文化的发展将人类的建设性力量导向了科学，这的确是一件感动人心的成就。

正如布罗诺夫斯基所阐明的，科学浮现于人类文化中，科学也塑造并转变了人类文化，它使相对论根植于我们的认知世界。离开了相对论，现代科学无法运作。在进行测量和预测时、在将物理法则应用于身边的现实世界时，参照系必不可少。科学在改变我们世界观的同时，也将相对论带到了台前。

在科学思维成为主导性思维之前，曾有人假设，在我们周围，几乎所有的事件都构建于绝对论的基础之上。这些绝对之处，就是我们要努力去发掘的理想之物与普遍真理。事实上，我们在不断加深对自然的理解，我们得到的认知越来越多，这些认知让我们理解了空间与时间的存在，让那些能帮助我们克服生物学极限的技术得以实现。在理解这些知识的过程中，我们几乎都不自觉地引入了相对论。

今天，我们已能应用相对论更深入地解释我们在宇宙中所处地位，并讲述一个全新版本的"人类的攀升"。

宇宙相对论 预表与影子

对绝对论的需求，牵绊住了早期的人文学科。柏拉图的理想主义就是这样的例子。绝对论认为，在某处地方，总会有纯粹而绝对的真实性存在，我们人类社会只能体会到来自绝对真实性的模糊投影。柏拉图曾用影子比喻我们的存在——我们身处于如地牢般的洞穴，外面的真实世界的情形会投映进洞穴并形成影子，我们借影子理解世界。

"预表与影子"，是一个更具诗意的说法，这一概念在 18 世纪康德的"自在之物"中得到了重申和强调。康德提出，"概念由人类主观内化产生"，例如，时间、空间及因果等概念均是如此。他的观点认为，我们只能通过那些概念来体验绝对真实性。然而，即使是持有这类观点的绝对论者，也在践行着某种形式的相对论——神灵、柏拉图、康德提出的绝对真实性，皆属于一类不可捉摸的参照系。相对于我们身处的现实世界，二者之间具有相对性。在本书中，我们正在构筑全新的宇宙观。我们将会看到，找到可用作参照的参照系，是理解自然的基本要求。参照系在物理学的基本层面上发挥作用。当我们将生命纳入考虑时，自然选择促成的进化概念，就将引入其自身的需求，主要为进化背景与参照系。在布罗诺夫斯基的《人类的攀升》中也有类似观点，正是由于人类思维和创造力使用了参照系，我们能在自然赋予我们的能力基础上走得更远。

我们将在第 8 章看到，我们利用创造力与革新力产出能改变人类生存状态的技术，正是我们有意识或无意识改变参照系的结果。因此，当我们将人类置于即将创建出的宇宙模型时，必须意识到——宏大而完整的相对论是决定人类地位的基础。这一理论包含了基本的物理相对论，也包含了进化的相对过程，甚至包含了人类将我们与其他生物区分开来的方式。相对论让我们有了一种独一无二（至少，在这颗星球上如此）的能力，这一能力来自科学与技术。

相对论入门

人类在感知周围世界时，会天然地就采用相对论的方式。商业心理学，就是围绕"商品定价"以及"价位对消费者的消费决定所产生的影响"而建立。举个例子，你可以试想一下，"你打算买一双价格在 20 英镑以内的手套。此时，你恰好看到了一款标价 40 英镑的手套，它实在太贵，你甚至连考虑的机会也不会给它。后来，你看到了一双标价29.99 英镑的与 40 英镑的手套完全一样的产品，你急忙将它抢购回来，因为这是特价商品……事实上，这双手套的价格仍比你的预算超出了接近 50%。"正是相对论，将你争取到了这双手套的消费者行列。相同的因素驱动着无处不在的"促销"概念，在促销过程中，我们对标价不会过于敏感，我们更加关注节约了多少——即便商品的成交价或许远远超出了我们的预算金额，是我们绝不会考虑的。此时，在大脑中，相对论成为了主宰。

然而，令人吃惊的是，我们中的大多数人几乎不会去理解相对论。甚至，在学校的教育课程中，相对论也鲜于出现，即便是伽利略相对论。伽利略相对论是一个强大且简单的概念，为何早期的自然哲学家无人发现它，这似乎令人惊讶。实际上，这是因为该理论与当时的宇宙学及物理学的核心概念（其形成可上溯到古希腊时期）不相容。直至伽利略时代，那些核心概念才开始受到质疑。

过于笼统地描述古希腊科学体系也不正确。纵观整个古希腊时期，没有哪个方法学曾被公认为最佳。举例，古希腊科学家也曾提出过大量的宇宙论，用以描述宇宙的结构。过了大约 2 000 年后，伽利略时代，源自亚里士多德和柏拉图的观点才开始变得有分量。在罗马帝国灭亡后，古希腊的知识体系在极大程度上被人们忽视了，直到阿拉伯的学者们将其重新挖掘出来，被阿拉伯学者翻译并注释后的知识开始输送至西方。

正如我们所知，柏拉图的理想主义定义了一个普遍存在的实体。这一实体就是一个固定的点，以其为参照，我们日常存在的投影就可以进行测量。在这一理论成形后不久，柏拉图最聪明的学生亚里士多德就构想出了一幅宇宙的图景——在这幅图里，地球处于宇宙的中心。这一位置就是最基本的观点，它让我们感受到一切事物的一切行为。得出这样的结论，是因为亚里士多德的世界观构建于四元素说基础之上——土、气、火、水。这四种元素每个都有自己的特征性倾向："土与水受重力影响，就意味着它们天然地倾向于靠近宇宙中心；与此相反，气与火轻盈不羁，意味着它们天然地倾向于远离宇宙中心。"

除了这些自然产生的特征性倾向，再往亚里士多德的这一构想中加点料：物体需要在力的作用下保持运动，否则，它们会自然地停止下来。如此，在理念上，这一构想就与相对论产生了一条难以逾越的鸿沟。亚里士多德构想的宇宙中有清晰的绝对论——宇宙只有一个中心，地球。只有地球方可独一无二、当之无愧地驻扎在这一位置。这样的构想使当时的运动概念得到了完善。要给运动定义一个绝对性的概念，你需要有一个固定的、绝对的参照点，而处于宇宙中心位置的地球正好满足了这一需求。所以，从亚里士多德的观点看，"无论你用何种方式观察，在皮耶迪卢科湖中的船都应处于运动状态且需要水手们持续划桨的力量以推动，维持其运动状态。与船相比，钥匙未受到这样的推力，所以将落在后方。"伽利略抛起的不只是钥匙，他还抛弃了"绝对固定的地球"这一观点，让相对位置与相对运动成为了相关因素。

自伽利略时代起，我们没有了忽视相对论的借口。也许，我们在学校里的课程也开始增设教授伽利略相对论背后的一些基础知识，但这些知识并未被连贯起来形成一个整体。当然，这些知识也并未被确认为相对论。值得注意的是，在一部系列电视节目《搞笑天王》（*Quite Interesting*，*QI*）中，拥有物理学学位的喜剧演员达拉·奥布莱恩（Dara Ó Briain）竟然不知道伽利略是物理相对论的创始人。

作为概念，如果说伽利略相对论遭到了学校的忽视，那么爱因斯坦的相对论则遭到了学校的主动回避。两个相对论以费解与复杂而闻名，故使学校教育系统在未进行任何尝试的情况下决定直接放弃这些知识的教授。在爱因斯坦发表了自己的有关重力的广义相对论后不久，曾有人问英国天文物理学家亚瑟·爱丁顿（Arthur Eddington），"是否全世界真的只有三个人能理解这一理论。"据说，爱丁顿的回答是，"第三个人是谁?"

作为名人语录这或许不错，但它却是剧毒哲学，它玷污了我们看待物理学知识的方式，也玷污了我们传授这些知识的方式。确实，广义相对论中的数学理论非常具有挑战性，就连爱因斯坦也不得不寻找别人帮助自己对其进行理解。但那些处于狭义相对论及广义相对论背后的基础概念，却是人人都能理解的内容。此外，我们所有人都应当去理解这些概念。遗憾的是，我们今日在学校被教授的物理学知识，大部分要上溯至 19 世纪，那些我们当时就认可了的且实现了突破的知识。

采用上述教学方案的原因在于，今天的学生欲涉猎 20 世纪物理学领域中最关键的新生复杂理论（相对论与量子论），必须先学习经典物理学的所有基础理论。然而，这样的教学方案存在错误，我们误解了向孩子传授科学的目的。我们的中学课程体系浪费了 4~5 年的时间，学生只是在维多利亚时代的物理学基础知识（通常是枯燥的知识）上磋磨，这完全没有必要。通常，大多数学生日后并不会学习更多的相关延伸科学，学习这些物理学知识不仅浪费时间，还会摧毁学生对科学的热情。小学生有着难能可贵的热情和好奇，并会将其保留至中学阶段。事实上，钻研于科学的毕竟是少数，对他们而言，在学习更高级知识的时候再回头捡起那些基础教育中被精简掉的内容（详细的早期物理知识）并不困难。

我们所总结得出的人类科学观，其基础是现有知识，而非那些冻结于 19 世纪的课程。我们从历史科学观中能得出何种科学？这些科学背景又是何种情况？如果我们能对二者有更清晰的理解并将它们结合起来，会非常棒！再次，在我们对科学的理解中，参照系成为了打开理解之门的钥匙。当然，我们会谈及牛顿力学与万有引力，但只是将其作为当前理论的背景知识作讨论，并不涉及其理论的任何细节。

中学教育不涉及相对论是个重大错误，因为我们生活中的各个方面，理解宇宙规则的各个方面，皆充斥着伽利略相对论。有了这一基础，在我们接触爱因斯坦的理论时，数学将不再那么令人费解。如你读完了本书的正文，还愿意读读附录，你会发现，"在推导时光旅行的可能性的过程中，任何拿到了数学学科英国普通中学教育证书（GCSE）或相当资格认证的人，都能轻松理解其中涉及的数学计算。"如果在学校的物理课中，相对论可以进入学生的视野，一定能激起学生的浓厚兴趣——学习计算在斜坡上推箱子乏味且枯燥！

◇◇◇◇◇

现实中，人类认知自身在宇宙中所处地位的这一活动，会如何与相对论交织？我们将在本书作深入探讨，我们将更好地感悟宇宙的基本组成部分的运转原理，我们将更好地感悟生命与人类创造力的非凡性。

要在脑海中对上述内容搭建一幅清晰的图像，我们需要一步一步地为其添加各种必要的元件。这些元件位于不同的层次，但终点均为人类文明科技成就。基于此，我们将最终构建起一个虚拟宇宙，并让自身移居其中。我们需要一些元件来构建我们的宇宙，比如时间、运动、力、可感知引力等，用这些元件构造出我们的基础结构，排列出生命进化的历程，描绘出人类因创造力与科学攀升的画卷。但在我们纳入任何元件之前，我们得先理解虚无，即便它晦涩难懂。

2 虚无

接下来的几章，我们将经历一场激动人心的实验。我的计划是从头开始构建一个宇宙，并将人类放入其中。当然，这只是一个思想实验——该过程不会对任何现实情况造成危害——但该实验仍然需要一定程度的创造性工作。

在我们构建宇宙的配方表中，列在第一位的是虚无。如同宇宙中许多其他组成元件一样，虚无是人类天生就有所理解但却难以描述的玩意儿。我们将虚无想象为某类三维的空容器，它为每一样实际存在于宇宙中的事物或事件提供了背景。（这里提到的"三维"只是假设，稍后我们将对这一假设进行验证，这一假设对我们构思的第一步非常重要。）

在我们用于构建宇宙的工具箱中，虚无是一个唯一性元件，且工具箱中也只有这一个元件在数量上唯一。所以，我们构想的是一个真实而绝对的虚无，当我们的宇宙被构建完成后，虚无将不复存在。仅有虚无存在时，虚无才是一个整体，即无边无际的虚无。不可避免的情况是，虚无很难具象化，我们并未体验过真正的虚无。在日常生活中，时光流逝总会体现在周围的事物或运动上，或体现在冰冷无情的时钟嘀嗒中。即便我们想象自己离开地球去往深空（不幸的是，今天人们的已知科学术语仍不能将深空与曾称为"天堂"的地方区分开来），也无法体验到真正的虚无。在宇宙中，总有尘埃存在，有其他星体的光芒穿越宇宙而来。我们去往深空，反倒证实了宇宙间的太空并非真正空无一物。

事实上，要在脑海中构想出完美状态的、纯净且绝对的虚无，或许并不现实。通常，人们听到一些超出人类已有概念（比如"无限"）的东西时并不会感到惊奇，但当你想象完全虚无时一定会遭遇巨大的困难并会为此感到吃惊。在这一无垠的虚无空间中，没有任何参照系存在，没有任何可用以作标记的东西。此时，我们拥有了真正的绝对性（我们的认知，任何物质均不存在绝对性）——我们构想出了一个空的物体，这个初始宇宙只有纯粹的虚无，相对论不会在此生效。相对论暗示着相对关系的存在，相对关系需要有不止一个独立实体才能成立。所以，到目前为止，我们那平凡的虚拟宇宙就是终极的唯我论者。

要解释我们熟悉的相对论概念，需要另一种语言。一旦开始思考这些语言，我们将能更明显地感受到"自虚无中构建相对论具有不可行性"。需要强调的是，在基本的空间层面，"相对论"的含义可等效于简单的伽利略相对论，这一理论的代表性实验正是伽利略在皮耶迪卢科湖上进行的那项实验（也可以说是一个恶作剧）。

相宇 特征阙如的虚无
对宙
论

伽利略曾采用何种方式认知相对论？我们脑海里一旦形成了伽利略认知相对论的方法的印象，就能暂时抛下小船和游客这样的异国情调，抛下诸如钥匙、湖泊和运动这样的概念，重新回到之前那毫无特征的虚无中。此后，我们将发现，无论以何种方式将相对论引入这一虚无，都会让一些术语给弄得一团乱，比如"相对于"或者"参比于某参照系"等术语。举例，假设我以每小时 50 公里（kph）的速度移动，那么，马上会跳出一个新问题（暂不考虑如何在当前的虚无宇宙中定义"我"以及时间的测量方式，这只是思想实验）——与什么相比，我具有了50kph 的运动速度？

日常生活中，在我们的世界，这似乎不是问题。像亚里士多德一样，我们习惯通过地球来定义"静止"的概念，即将赖以生存的星球作为天然参照系。当我谈及以 50kph 的速度行驶的一辆汽车时，必然是该汽车以相对于地面以 50kph 的速度运动。不过，这样的说法有假定条件存在。

如果该汽车和另外一辆汽车发生碰撞，此时，两辆车的相对速度为多少将成为重要问题。依据运动方向相同或相反，碰撞结果可能截然不同。假设一辆车在另一辆车前方同向行驶，前车以 49kph 的速度运动，后车会以 1kph 的速度撞向前车，实际碰撞并不会造成太大的损害。假设一辆车以 100kph 的速度向另一辆车冲来（反向），以第二辆车（后车）为参照系的情况下，第一辆车的速度变为了 150kph（即两车的速度和），碰撞结果难以想象。（此案中，以第一辆车为参照系，第二辆车的速度仍然是 150kph，只是方向相反。）

这就是我们不能在日常生活中无视相对论的理由——车辆间的相对速度决定碰撞结果。案例中，参照于地面的速度已非决定性因素。对于我们构建的空旷宇宙来说，情况又如何？如果我突然出现在那个宇宙中，成为了唯一的观察者，我是不能确定自己是否处于运动状态的，因为没有任何可用作参照物的事物或事件，除非这一宇宙具有可探测的边界（如此，这一宇宙将无法被称作虚无）。我唯一的参照系只有自身，而我永远不能相对于自身发生运动。所以，具有实际意义的相对论不存在于这一宇宙中。

在伽利略皮耶迪卢科湖之游的 60 年后，艾萨克·牛顿写下了他的著作，明确指出了外部参照系的必要性。他认为，"空间本身是一个绝对概念，它同质且不可移动。"人类测量所得的为相对空间，相对空间与绝对空间对应。因为虚拟宇宙中还未出现任何可供测量的事物或事件（更明确地说，我们还没有可进行测量的玩意儿），所以在这个宇宙模型中，这一相对空间尚不存在。牛顿举了个例子，"通过那些在绝对空间中运动的物体可得出相对空间的概念。"他指出，"当与地球的位置作比较时，地球周围的空气所占据的相对空间不变。不过，我们的地球在围绕太阳运动，而随着地球的运动，空气也在不断地改变它在绝对空间中所占据的位置，只是我们无法测量出空气的绝对位置究竟在哪里。"

要构建我们的虚拟宇宙，必须掌握宇宙的本质。创世神话中，人们以想当然的方式去认识宇宙的本质。然而，一旦我们用科学的观点看待宇宙及其来源，那些想当然的东西将遭到抛弃。传统意义上，我们将宇宙看作一个连续统一体，我们以主观意愿对其进行任意分区。不过，这一观点正受到量子物理学家的挑战。

量子物理学中提及的"量子"是指最小尺寸的结构。至 20 世纪，一项理论开始明朗起来：许多看上去呈现为连续性的现象（例如光），其本质却是量子化现象，它们以非常细小的结构呈现。大多数量子物理学家相信，空间本身也以量子化的形式呈现。空间更类似于一罐盐，而非一罐水，它有独立的"颗粒"，只是这些颗粒的尺寸极细小。若事实真是如此，那么，空间的颗粒结构或许能为我们提供某种类型的参照系。此外，我们还得考虑正在构建的宇宙模型是无限的还是有限的。这一空间是否会有一个边界或中心？有了这样的边界或中心，就可以作为一个标识，为我们提供某一类型的参照系。

宇宙相对论 大自然厌憎真空

对早期的思想者来说，当思及真正虚无的观点时，他们会既着迷又恐惧。希腊学者主要基于两个认识的变体辩论此观点，这两个认识是："大自然厌憎真空"以及由此而推导出的"真空无意义"，其中的代表性人物是亚里士多德和他的追随者。（希腊学者所说的被厌憎的"真空"，更准确的说法是虚无，因为我们可以在达成真空的同时不排斥掉其他事物，例如重力——但希腊学者们所谈的真空则须排除一切事物与法则。）亚里士多德反驳真正的虚无并不存在，在他提出的这类观点中，有一个被用到了牛顿的第一运动定律。会出现这样的情况，是因为即使真有虚无存在，牛顿第一运动定律也能生效，而亚里士多德的想法会自相矛盾。

15

　　亚里士多德曾写过一本书，他将其简明地命名为《物理学》。在书中，他提出："无人能解释，为何运动的物体会停在某处？为什么它会停留在此处而非彼处？因此，物体要么保持静止，要么做无尽的运动，直至出现某些比它更强力的事件使它停止下来。"亚里士多德所使用的假设与牛顿第一定律有惊人的相似处，牛顿第一定律原文是："任何物体都要保持匀速直线运动或静止状态，直至外力迫使它改变运动状态为止。"

　　在亚里士多德看来，运动会涉及两个方面的问题。正如我们之前读到过，在亚里士多德哲学中，物体具有一种自然趋势，它们会朝向其"归属地"运动——土与水向着宇宙的中心运动，火与气则与之相反，这是第一个方面的问题。第二个方面的问题是，物体天然具有停止下来的趋势，除非它们受到推力的作用。上述结论是对观察进行的直接总结——所有运动的物体确实会停下来，除非受到推力作用。在那些以相对缓慢的速度移动，且不具有低摩擦力轴承的物体中，这一现象尤为显著。基于此，我可以举例，一架木制马车，如果在其运动起来后不再管它，它会很快地停止运动。但牛顿以及他的前辈伽利略却看穿了肤浅的运动"本质"，他们关注着更为基础的事件。这些事件来源于那些与重力相互作用的力，即空气阻力与摩擦力。

　　当然，在我们那虚无的虚拟宇宙模型中，目前尚无任何可移动的物体，也没有重力、空气阻力或摩擦力存在，无法对移动的过程施加影响。但有趣的事情发生了，在构思虚无的过程中，亚里士多德得出了一项科学观察结果，且该结果被认为是他的所有观察结果中最佳的一项——观察认为，若真的存在不受任何影响、没有任何力作用的虚无，物体将保持静止或保持永恒的运动状态。对亚里士多德而言，这样的假设显然并未成为现实，所以他将此作为一个强力论据，认定虚无（即虚无的空间）绝不会存在。

　　13 世纪自然哲学家、天主教修士罗吉尔·培根（Roger Bacon）采纳了这一观点，认为完全的真空不会存在。他坚信，若真空真实存在，我们将无法看见来自其他星星的光芒，他还基于此以证明我们与天堂（例如行星与恒星所处的位置关系）之间并不存在真空。他写道："在真空中，大自然不复存在。真空仅为构思所得的产物，它只是沿三个空间维度延展的数学量，它本身并无冷热、软硬、疏密的性质，也没有任何与生俱来的特征，它仅是空间占位罢了。"正因为真空并非"天然"存在的事件，所以培根认为真空无法为光的存在提供条件。培根认为，光的移动依赖于其本身与介质间的不断交互作用。这一过程类似于"群落增殖"现象，光依赖于这样的过程从一处传递到另一处。

真空或虚无能阻止光传播？培根的理论被证伪了。但我们的"太空"并不是真正的虚无空间，基于这一空间进行的一项有趣的观察，使宇宙学家们思考得最频繁的宇宙起源问题具有了空中楼阁的感觉。量子理论预测，真空非空，有虚粒子在其间涌动，这些虚粒子短暂地出现，随后消失。在某些时候，每一事件的起始标志正是这样一次量子涨落的过程。在这一过程中，某一事物从虚无中出现，但随即受到了其他什么过程的影响，该事物及其内容物向宇宙中膨胀，"短暂的存在后即消失"将不会出现。基于这样的方式，一个完全虚无空旷的宇宙中似乎就能开始出现某些东西，并最终形成我们如今所观察到的复杂喧嚣的完整宇宙。

构建这一复杂的物理学模型，我们用了一个花招。然而，这一招术藏有一个巨大的漏洞。我们先思考一下，我们那个无任何事物存在，也不具备任何规则的宇宙模型。在这一阶段，正如培根描述的，它仅是一个在三个互相垂直的空间维度上进行数学意义上延伸的概念，是一个真正的虚无空间，绝对的空无一物。物理定律在哪里？普适常数在哪里？有什么物体或事件体现着这些定律？这些定律及其具现物从哪里来？是什么让它们得以出现？是什么规则规定了虚粒子要出现在这个本应完全虚无的空间中？看上去，这一阶段的宇宙模型，也不太可能是一个完全空无一物的虚无空间。

宇宙学家们赞同其他宇宙可能存在的观点，且那些宇宙所体现的物理定律和普适常数与我们所观察到的并不相同，或者它们没有普适常数。因此，就现有的观察结果而言，尚无法说明在仅有空间存在的情况下一定会出现定律与常数。（如果我们接受空间自身即可带来定律与常数，那么，我们会立刻抛弃之前的想法：宇宙模型的起始阶段是一片真正的虚无。）定律与常数并非空间存在后的必然结果，不仅如此，此二者还非恒定（具有一定的取值范围）。一旦我们接受这一观点，那么，定律与常数将变成附加项——它们是虚无的附件。

相对论宇宙 自然法则

我们需要明白，在构建宇宙时向虚无中添加的到底为何物。因此，我们需要花一些时间，思考上面谈及的自然法则与普适常数为何物。20世纪的伟大物理学家理查德·费曼（Richard Feynman）描述物理定律时说："仅靠观察，某些自然现象不易于发现，它们的发现必须依赖于分析。在观察与分析之间，存在……某种韵律与模式，我们将这样的模式称作物理定律。"（译注：在汉语中，物理定律与自然法则是两个相同的概念，而与"物理学定律"是两个不同概念。）

在此，我要坦率地讲——我不喜欢在科学中使用"定律"一词。因为，这一个词指向了某些由法则规定的事件，或是某些公认的、有约束力的事件。我们所谈论的自然法则，或称物理定律，与我们使用于法庭之上的法则、规定相比较，互有强弱。物理"定律"比法律规定更强——因为前者非由人类制定，无需我们赞同即生效。我们赞同或者不赞同它，它皆在那里，不消不散；我们观察或者不观察它，它皆在那里，不逝不灭；我们总结或者不总结它，它皆在那里，不湮不没；我们利用或者不利用它，它皆在那里，不泯不失。

然而，与法律体系中的某产物相比时，物理定律也有弱处——"法庭中使用的法律由白纸黑字写定，故而你能读取它们。尽管你能在法律释义中挑刺，但你却无法质疑其构成词且词的意义非常明确。"（译注：英语中，"定律""法则"与"法律"使用的均是 law 一词，故作者作出上述论述。）

不幸的是，尽管 law 这一个词被诗意满溢地用来描述科学，却并不代表我们就此拥有了"自然之书"。事实上，我们无法靠近定律并读取它们，进而发现它们到底为何物。它们是我们从现有的最佳证据中演绎得出的结论（更准确地说，是归纳得出的结论），因此，总需要修订，它们从来不是真理。正如费曼所言，"定律通过分析而得以发现，定律非由法令所规定。"费曼以一种棋类游戏举例，在这一游戏中，基本法则就是游戏规则，而游戏规则规定了哪些棋子可以移动。在观看游戏时，我们可以采用逻辑推理及数学方法对游戏规则作最佳猜测，但我们不可以主观臆测游戏规则。我们如同柏拉图所言的洞穴居民，无法在实际中看见法则的纯粹模样。我们如同井蛙之见一般的观察，只是外界法则投映进洞穴的影子。我们要从这些影子出发，去演绎出外界的法则。

我们在"探索"某条自然法则时，颇似探索一个壁上具有一定数目孔洞的黑匣子，我们可以将小球放进这些孔洞。在匣子内部存在某种结构，这一结构真实存在，但我们却永远无法对其展开观察。从某个孔洞放入小球并以各种方式摆弄匣子，我们可以听到小球在匣子内移动发出的声音。然后，我们会观察到小球最终从哪个孔洞出来。当我们在每一个孔洞上重复这样的过程后，将能针对匣子内的结构作出一系列推论。当然，如果我们有高灵敏度的金属探测器，也许能通过追踪小球路径的方式作出更佳的推论。

黑匣子的内部结构在我们思维之中的投影（所形成的印象），被科学家称为"模型"，它类似于我们针对自然法则所提出的公式。我们针对匣子内部结构所构建的模型，很可能是非完整的——也许，小球无法进入匣子内的每一个角落，故而我们无法绝对了解到匣子内部的精确细节。随后，我们可能会用一个更小的球作为研究工具。如此，我们或许能触及更多的角落和缝隙。新的研究结果并不会推翻那些基于大球的曾经的研究结果，但针对内部结构的"法则"，新研究会让我们得到一个更好的模型。

在牛顿的运动定律和万有引力定律上，我们也看见了同样的事件发生。在本书中，当我们向宇宙模型中加入足够的内容物，并以之为基础来支撑运动与引力的存在时，我们将谈及这两条定律。在牛顿之后，爱因斯坦针对此两条定律分别提出了相对论版本。在物理定律中，爱因斯坦的理论具有触及更多角落与缝隙的能力。牛顿定律是非常好的近似模型，在我们日常生活中完全够用，但爱因斯坦的理论则提供了更多细节。

然而，正如黑匣子与小球故事所表明的那样，我们永远无法确定我们对自然法则的描述是否达到了完美、完善的程度。不同的观点或实验探索可能随时出现，这些新观点或新探索会带来新发现的角落与缝隙。我们甚至可能发现，我们曾以为是黑匣子内壁的地方，实际上是凹陷或是细条纹。当采用不同的方法时，探测装置可能会直接通过这些部位。因此，我们要时刻记住，我们并未真正了解自然法则。我们所了解的内容，只是结合我们当前使用的实验工具与数学工具得出的近似结果。

相宇 对宙 论 通用教科书

诺贝尔奖得主、物理学家史蒂文·温伯格（Steven Weinberg）曾就其职业生涯接受采访。在访谈中，他说，"我工作的驱动力源自于一个渴望，我要为'终极教科书'作出贡献。""终极教科书"是一本假想中的书籍，其第一章囊括了为数不多的数条原理，是人类有史以来最接近自然本质的终极法则的原理。数学中使用公理作为第一步，随后采用逻辑的、循序渐进的方式构建数学定理。"终极教科书的第一章"正如数学中的公理，它将给我们带来所需法则，我们可借此构建各种科学——当然，也可构建起整个物理学。

若温伯格所提及的第一章已被写就，那么，世界或许会是一个无趣的所在。物理学家马克斯·普朗克（Max Planck）创立了量子理论，使我们得以从另一个角度理解自然。读大学时，他曾是一个娴熟的钢琴手，他曾犹豫，到底选择物理学还是音乐作为自己的职业。他的物理学教授菲利普·冯·祖利（Philipp von Jolly）告诉他，"快去选音乐吧，物理学这门科学即将大成，剩下的有待研究的东西已然不多。物理学留待后人完成的所有事项，无非是一些小小的细节性问题。"

感谢苍天，普朗克并未理会冯·祖利，他义无反顾地踏进了物理学领域。温伯格认为，冯·祖利的建议来自于一条错误的经验——当基础知识逐渐完善时，科学的发展空间将变得有限。

温伯格采用了古时的地图作类比，"在中世纪，欧洲人绘制了多幅世界地图，并在其中标注了各样有意思的东西，比如在未知地区生活的龙。"温伯格同时指出，人类最好还是先具备一些基础知识——龙并不存在——如此，人类将不会再纠结于寻找那些有趣的细节。温伯格认为，终极教科书的第一章或许会告诉我们所有的基础知识，但它只是基础。我们基于它所构建的体系，才是使我们的生命充满乐趣的东西。这好比词典与语法书能告诉我们写作基础，但作家的撰写工作才是精妙文章诞生的关键。

长久以来，追求完美一直是温伯格的动力。不过，完美却终是幻梦，现实的证据强烈地指向了冯·祖利提出的物理学接近大成的观点。确实，我们也许能简化定律，我们也许能使用越来越小的球以获得越来越契合真相的结果，但我们永远无法完全看到黑匣子内部的真相。当然，也许有某种新方法将能在盒子问题上开启一片广阔的新天地，进而转变（无论是简化或复杂化）我们对其内部的印象，这种可能性一直存在。数学误导了温伯格，因为数学定律类似于法律，在数学中他心目中的完美确有可能达成。在数学中，人类确立了何为公理（即事实上的基础数学法则）。然而，在物理学中，并无类似的可能性。

在最基础的自然"法则"背后，推理过程其实并不存在——这些法则仅是针对观察而作出的直接结论。下面，以最简单的惯性法则举例，这一法则由伽利略发现。在一块刻有凹槽的倾斜木板上，凹槽可防止球从木板边缘滚落，使球在木板的倾斜平面上滚动。伽利略（毫不惊奇地）发现，若球向下滚动，球的速度会越滚越快；反之，若球向上滚动，球的速度会越滚越慢。伽利略的聪明之处在于，他通过这一现象的观察实现了理解上的跨越。他指出，"当球在水平面上滚动时，它既不会变快也不会变慢，而是以匀速状态持续滚动，直至某些因素作用于它为止，似乎只有这样的情形才符合逻辑。"

在精确措辞后，伽利略的发现被并入了牛顿第一运动定律。正如我们所知，牛顿将这一定律的描述优化为，"任何物体都将保持匀速直线运动或静止状态，直至外力迫使它改变状态为止。"或者，用更现代化的语言表达，"一个物体会保持静止，或保持恒定的运动状态，直至它受到力作用。"看上去，这一结论并非来自某项自然观察。究其原因，我们日常生活中所见到的所有事物均一直受到力的作用——比如，摩擦力和空气阻力——这些力会使移动的物体停止下来。假如，没有这些力发挥作用，运动将永远持续下去。

若少了伽利略的实验（及其他人的重复实验），在观念上，这一定律将存有一条天堑。如今，我们可以在太空中见证某些事件发生，其原理正好类似上述实验原理。在太空中，物体一旦开始移动，在未受重力或撞击影响的情况下，它将几近无限地保持运动状态。我们得到的一切证据均证明了惯性定律的正确性。我们不知道，也无法阐明这样的现象为何会发生。它就是这样发生着，它是自然本质的一部分——是我们假设中的，那些自宇宙起始就一直存在的事物中的一部分。它是构筑真相基石的一块砖，这意味着，即使在明确为虚无状态的空间中，也会包含有某些事物。同理，我们也无法肯定这一说法适用于所有情况。我们仅是为了简便而假设这一情况普遍存在，但我们并不能证明它。

其他某些物理定律则没有如惯性定律这般直接的效果，可以反映最根本的宇宙本质。有了惯性定律（顺便提一句，"惯性"这一概念乍听起来既复杂又科学，但它仅具有牛顿第一定律所描述的属性）这类基础性原理，人类可借此为基础，在其上构建其他物理定律。所以，刚才提到的"其他某些物理定律"并非基础性原理，只是因为科学家发现了其有用之处，按他们的主观意志将其认作了定律，以避免今后使用这些定律时还需重新证明。

简洁务实

费曼对自然法则这一学科进行过评论，他的评论同样体现出了"有用之处"的重要性。他用引力举例："重力法则非常简单，这一事实令人印象深刻。它简单明了且又透彻地列出了规则，且未留有任何让人存有疑虑的含糊处，以至于不会让人兴起要去更改这一法则的念头。它很简单，因此，它很美丽……对我们找到的所有法则而言，这一情况普遍存在。法则均是简单的原则，这已得到证明，只是法则的实际作用具有复杂性。"

有了重力法则，精确推导重力所致的结果也会变得简单？费曼的观点并未指向这一结果，这点值得我们留意。在广义相对论中，有一个处于核心地位的公式 $[G_{\mu\nu}+\Lambda g_{\mu\nu}=(8\pi G/c^4)\,T_{\mu\nu}]$，通过这一公式，我们将知道，法则推算中的数学问题会复杂到令爱因斯坦也抓狂。再比如，量子理论中的大多数基础理论看上去都很疯狂，而自然法则并不一定都必须符合我们的常识。实施上，我可以向小学生讲解相对论或量子理论的原理，且他们也能领会其含义（他们甚至能比某些成年人领会得更好）。小学生未必知晓其中的数学运算，但他们能弄懂那些简单的原理。

学术要求简洁，这句话指出了现代理论物理学中的一个问题——现代理论物理学的进步主要源自复杂数学的驱动，而非由某种易于掌握的原理驱动。对此，我可以举例，当 CERN 在 2013 年发现希格斯玻色子时，无论科学界还是新闻界的人都在绞尽脑汁思考应如何向世界解释它的重要性。一些物理学家指出，我们过度依赖于构建复杂数学结构这一过程，且我们还在这条路上一路走到黑。或许，我们将来能够见证，在人类发现法则背后还有某组更简单、更新颖的基础理论时，旧的概念将被弃如敝屣。时间将证明一切，我们似乎一直在采用人类从物理法则中总结得出的近似定律去阐释某些类型的真理的基本理论。

作为一分子，常数参与了构筑有关自然本质的基础知识。在我们构建的那些展现自然法则的数学模型中，常数是固定成分，常数是不随时间而发生变化的数值。虽然某些常数非常有用，但它们只局限于人类知识体系中的事物，与自然法则并不具有本质联系。举例，"每逢整点时刻，总会有一辆公交车从距离我最近的公交车站发车。当我了解了这一点，就能获得便利。常数仅是常数，并未真实地代表自然的某一基本方面。"

还有一个类似例子，我在摆放餐具时，放下的餐叉一般具有相同长度（忽略制造过程中产生的误差及热胀冷缩带来的差异），但表征这些餐叉长度的值并不具有科学上的意义。此外，这类具有局限性的常数还具有相对较短的生命周期——公交公司可以更改时刻表，我也可以更换一套新餐具。与此相对，科学意义上的常数，多数具有"普遍性"，这意味着常数在宇宙间的任何位置、在时光中的任何时刻都有效（这样的说法也仅是假设，我们会在稍后进行探讨）。

再来看看下面的例子。光速也许是最著名的通用物理常数之一。精确地说（科学必须精确），我们正讨论的这一常数是指光在真空中的传播速度——光在穿过玻璃或水之类的透明介质时，速度会降低。通常，我们将光速表述为"300 000 千米/秒"或"186 000 英里/秒"。这些值只是人们为了方便而定义的近似值，光速的确切值为"299 792 458 米/秒"。与其他常数值不同，光速是我们采用当前测量技术而得出的最佳值。当我们能进行更精确的实验时，光速常数也许会发生改变，但光速却是一个绝对且精确的值。

之所以会出现这样的问题，是因为科学需要有实用性——米被定义为光在 1 秒中行进距离的 1/299 792 458。随着更好的测量结果出现，米的精确长度会随之变化，但光速却并不会。（今天，人类采用光速定义米的长度。在这一方法得到确认之时，米的长度早已采用其他方法进行过非常精确的定义，真是让人羞愧。当时，人们并未将米定义为光速的 1/300 000 000。）

知道了光速的值，假设光速不太可能会变化，并不意味着这一数值能摇身一变成为通用常数。对不随地点或时间变化而必然发生变化的值，无论它是哪一类，我们都能进行测量。在这些数值中，经常会有某些以一定的方式出现于公式中，费曼将这一方式称作自然法则的基本原则。在那个或许可称作人类有史以来最著名的方程（其核心正是相对论）中，我们在光速上见证了这样的事件，这一方程是：

$$E = mc^2$$

方程中的 c 是光速[①]。在推导这一公式时涉及了与光有关的信息，且这一常数和这一方程具有内在联系，就此情况而言，它只是一个巧合。因为，并非所有通用常数都有这样的情况，比如牛顿在研究重力时提出的重力常数 G。这一常数就非测量所得——通过观察重力效应并总结其作用模式而得出。当我们将这一数值放入公式后，恰好可使公式成立，这一数值的意义仅此而已。另外，还有一些经常无凭无据出现在公式中的常数，虽然这些常数在自然法则中具有显著的重要地位，但我们仍难以理解它们为何出现。我们再看看另一个例子：著名的通用数学常数 π。

---

① 如果你曾好奇，为什么用 c 代表光速，而不是 l、s、v，那么，我只能告诉你，这一问题无人能透彻了解。爱因斯坦曾追随电磁理论先驱麦克斯韦（Maxwell）的步伐，最初的确用 v 表示过光速。但如此一来，当将光速与某运动物体的速度进行比较时，情况开始变得混乱。对于 c 的解释，有据可查的信息中，最初认为 c 代表常数（constant），但也有人证实了 c 代表 "*celeritas*"，即拉丁语中的速度。

宇宙相对论 为何是 π?

物理学家尤金·维格纳（Eugene Wigner）撰写过《数学在描述真相中具有不可思议的作用》一文。撰写过程中，他讲述了两个高中时代的朋友就自己的职业进行交谈的故事。这一对朋友中，其中一位是统计学家，他谈论了自己从事的工作。统计学家向朋友展示了一篇论文，描述了人群随时间的变化情况。他讲述了一条特殊的曲线——高斯分布曲线——如何实现特定类型的人群行为的预测。

对此，统计学家的朋友并未能留下深刻印象。统计学家采用纯粹数学推论出的特定模型，能在某种意义上预测一群活生生的、有思想的生命体的行为，这位朋友并不明白其背后的真正原因。同时，在那些晦涩不明的字符中，还藏有更糟糕的问题——统计学家的朋友指着一个符号问，"那代表什么？"统计学家回答："那是 π，你知道什么是 π 吗？它是圆的周长除以直径而得出的值。"统计学家的朋友勉强地笑了笑，说："现在，我知道你是在糊弄我了，人群与圆的周长能有啥关系？"

通用常数就是那样的玩意——它们以各种方式出现在计算式中。在这些式子里，它们的出现并不具有显而易见的原因，但它们的出现却能简化许多深入分析过程。除了少数傲世独立的例外学科，目前，几乎所有科学均具有这一假设——无论在任何时间或空间中，此类常数均具有一致性。因此，无论你身处何时、何地，只要你还在这同一宇宙，常数就是相同的。

最初，科学家纯粹是出于方便而提出了此类假设。以光速为例，并没有哪条特定的原因会要求光速必须在所有情况下均保持一致（数学常数 π 的存在反而更好理解，因为它是一个抽象结果，而非实验结果）。不过，如果真有可变常数，那么，对其总结出简明的科学解释将非常困难，那样的情形就如同我们脚下的大地在不停移动一样。如果常数随时间和空间而发生随机变化，那么，科学工作将几乎不能开展。

现在，我们找到了很好的证据来证实常数不随时间变化。以电荷为例，在天然核反应堆中，铀的链式反应自远古以来就一直进行着，且从未受到人为干预。在这样的反应堆中，人类可以追溯到至少 20 亿年前的电荷性质。对反应堆残余物的测量显示，曾发生于此处的核反应对电荷非常敏感；而从核反应的效应测量上看，电荷量在整个时间段中均保持恒定。还有其他一些科学家将空间当作某种意义上的时光隧道，在时光长河中逆流回溯。因为远处的光需要花费一定时间才能到达地球，故而，我们向宇宙深处看得越远，就能见证越古老的时光。（当然，我们所能测量到的古老时光的久远程度，还取决于我们假设了光速为常数。）

精细的常数

在探索通用常数是否具有一致性的过程中，最令人印象深刻的实验当归于新南威尔士大学（University of New South Wales）和斯威本科技大学（Swinburne University of Technology）的天文学家开展的那项，两所院校均位于澳大利亚。在这项实验中，科学家们使用了现有最大的两台望远镜——夏威夷的凯克望远镜（Keck telescope in Hawaii）和智利的超大望远镜（Very Large Telescope in Chile），用它们凝望遥远的类星体。作为辐射源，这些类星体的光芒需要 100 亿年才能抵达地球。人类认为，类星体实际上是一种辐射，物质在掉落进入遥远的古老星系中央的黑洞时会发射出此类辐射。

这项实验并未对类星体进行直接观察，而是将其作为背景研究干扰性介质对光的吸收。当光穿过物质时，物质会吸收特定颜色的光，从而在光谱上留下变得暗淡的"吸收线"。这正是我们鉴定恒星所含元素的方法。光谱中，关键吸收线之间的距离取决于通用常数之一：精细结构常数。

事实上，精细结构常数是由其他常数计算所得的结果，通常用 α （阿尔法）表示。α 是 e^2/hc 的商，式中 e 为元电荷，h 为普朗克常数（该常数将光子蕴含的能量与光的颜色关联起来），c 为光速。精细结构常数是一个无量纲常数，这使其具有某些优势——它仅是一个数字，而诸如光速这样的常数却具有"米/秒"一类的量纲。无量纲有重要意义，由于电荷与光速常数的定义构筑于其单位所具有的定义之上（记住，米依据光速而定义），故 α 无量纲就有重要意义——例如，当电荷量改变导致光速发生显著改变时，α 常数值将发生改变。精细结构常数无单位，避开了使用单位来定义常数的问题，此外，至今尚无人能准确证明，为何这一常数值会非常接近于 1/137。

在本书撰写时，虽然尚未得出确切的结果，但已有相当可靠的证据表明，在以 10 亿年计的时光中，α 的值确实发生了微量的变化（依据观察者在观察宇宙时采用的角度不同，该值变化的方向会有细微差异）。这一问题仍需更深入的研究，但如果这一变化成立，它将对我们当前众多宇宙模型中的许多基本假设产生重要的影响。因为，在这些基本假设中，此类常数不发生变化。

如我们理所当然地认为，通用常数不随时间变化而发生改变，我们同样认为，通用常数不会随空间变化而发生改变（若该常数适用于空间），且这一假设同样未经证明。以重力常数 G 为例，这一常数定义的是两个给定质量与距离的物体间的万有引力大小。今天的我们认为，无论是对电子、苹果、星体，甚至星系，这一常数均相同。同样地，我们得出的这一常数仍然没有实验结果作为基础。

我们知道，在不同规模下，事物的行为会有所差异。原子及其他量子粒子的行为，与苹果或星体之类的"宏观"物体的行为通常不同。量子粒子的行为遵循量子力学，在未发生交互作用时会表现出无确切位置的情况——总之，虽然日常物体由量子粒子构成，但其行为与量子粒子却有很大区别。不过，我们仍能作出某些巧妙的假设。例如，我们假设，在太阳系得到验证的引力定律及牛顿运动定律，对于像星系那样尺度的物体而言，仍然精准适用。

不过，如果上述情况成立，问题就出现了。当物体发生旋转时（宇宙内几乎所有物体都会旋转），物体上的附着物也会具有一种趋势，它们将沿直线飞离该物体，而非继续附着于物体上。只有在物体所产生的重力或电磁力能将附着物固定住的情况下，才能阻止附着物飞离并带动附着物旋转。但这一情况并不完全正确，比如，科学家早就知道，某些星系旋转的速度非常快（大于逃逸速度），按物理学理论预测，这一速度足以促使星系中的较多区域发生脱离，然而这一情形并未发生。

就此问题，目前最受认可的解释是暗物质理论。暗物质是另一类物质，人们认为它不受电磁场影响——因此我们看不见也摸不着这一物质，但它却实实在在地会产生引力效应（我们将在下章谈及更多有关暗物质的内容）。如果有足够多的暗物质合理地分布于星系中，这一星系会具有足够大的引力将所有物质吸引在一起。此外，暗物质理论还能解释一系列有关星系动力学及星系团所涉及的行为。

如此，唯一的问题就在于暗物质的量。若要解释所观察到的现象，暗物质需要具有相当大的量——达到现存普通物质的 5 倍以上。对于当前我们用于解释宇宙间大型天体行为的模型而言，这一数字带来了一个非常大的修正。一些科学家认为，与其引入暗物质，不如假设我们当前观察到的是一种宇宙现象，即我们在日常熟知物体中发现的定律与常数，并非都能以全然相同的方式适用于星系这等规模的物体。他们提出了一种并不完美的方法，称作"修正牛顿引力理论（MOND）"。这一方法对牛顿引力理论进行了细微修改，它并不能解释所有可由暗物质理论进行解释的效应。不过，当前的暗物质理论同样无法解释现有的全部观察结果。

相较于暗物质理论，修正牛顿引力理论在许多方面更简单，但许多物理学家在修正牛顿引力理论上并不积极，部分原因在于此理论违背了常数的通用性。科学家选择上述行为不无道理，在科学中，我们通常会遵从当前广泛接受的理论，直到有足够证据表明这一理论必须进行修正为止。因此，对于我们正在构建的 DIY 宇宙而言，我们将考虑把暗物质的存在作为一个必需要求。但请同时记住，暗物质理论并非解释真实宇宙中所遇问题的最佳理论。

相宇 何方为上？
对宙
论

现在，回到我们的简易宇宙模型。这一模型依然如故，仅是空荡的虚无。即使我们假设了该虚无中可以有某些物理法则存在（然而，我们并未如此做），我们所构想的蓝图中仍旧明显地缺失了另一假设，即具有物质的宇宙的起源假设，量子涨落是该假设缺失的缘由。我们真正虚无的三维空间正经历着无时间存在的情形。在无时间存在的宇宙中，又如何允许虚粒子在量子涨落期间出现又消失？距离打造出一个可以运转的宇宙，我们还有很长的路要走。

我们将继续打造这一宇宙，向其中加入一些素材，使这个三维空间不再显得孤独。但在此之前，我们还有最后一个问题需要考虑。为什么我们会选择三个维度？我们如何得出的"三"？站在数学的角度，三个维度并不具有独一无二的特征。如果一定要找出点什么，"三"能达成数学上对确定性空间的最低要求。

对数学家而言，任一数目均可考虑纳为空间的维度数——甚至可以是某些颠覆想象的非整数维度。尽管将某些数目维度的空间构想成真空空间非常不现实（比如，构想五十维空间），但从数学角度看，无限制地添加额外维度却十分可行。某些时候，这样的方法非常有用。例如，我们可引入虚拟多维空间，当空间的某一属性具有多个可能取值时，可用不同维度分别表示。这一多维空间并不是"真实的"空间，但用作计算却具有重要的实用价值。

在数目极大的维度中构想出某些结构化的产物，是数学家圈子中的一种公认荣誉。有一个数学家群体，最钟爱一项名为"魔群"（Monster group）的挑战。魔群是一种方法，它反映了物体在高达 196 883 维空间中所具有的所有的不同旋转方式（196 883 这个特定数字会带来某些数学上的有趣属性）。然而，尽管这一想象出的多维空间在进行计算时非常有用，但却并无人能证明宇宙中的确存在如此大数目的空间维度。

我们明白，三维空间维度中的"三"反映着人类的经验。我们的移动方向可以是上或下、左或右、前或后；三维方向上进行移动的模式，已能满足我们将足迹踏遍整个已知空间。当三维空间的每个维度均与另两个维度构成直角时（即我们已知的情形），就我们所生活的宇宙而言，我们已然知悉了所有可行进的方向。

对于真实存在的生命（指我们所知晓的生命）而言，空间须具备至少三个维度，这是一个必要条件。1884 年，一位名叫埃德温·艾伯特（Edwin Abbott）的英国校长曾写过一本袖珍书，书名《平面国》[Flatland，又称《平地》]。书中，他描写了一群主要存在于二维世界的生物进行的蠢笨冒险。有那么一些人，率先思考了不同维度空间中生命存在的可能性，艾伯特就是其中之一。

在二维空间中存在的实体会面临一些问题，其中最显著的是：二维空间的生物不能像我们那样拥有出入口分离的消化系统——因为一旦二维物体拥有了两个开口，它将被分割为两部分。要达成单一个体内连有两个开口的情形，必须存在第三个维度。

某些物理学理论要求额外维度（超维）存在，这些超维超越了我们熟悉的三个维度。超维，要么是蜷缩得太小以至于无法被我们检测；要么它们实际上处于我们所在的宇宙之外。因此，我们所熟悉的宇宙实际由三维膜（膜宇宙理论）构成，飘浮于超维空间中。然而，目前尚无实验证据能支撑这些理论，这些理论仅在数学上成立。

有一种方法能让我们引入第四维度，通过这样的方式，可以使理论符合我们的观察结果。同时，引入第四维度还可有其他潜在用途。第四维度的引入将对空间的范围产生影响。我们的 DIY 宇宙可以具有无限空间，这一空间在每一个维度上均能无限延伸。或许，真实宇宙的情形亦是如此，只是我们无从得知其真实性。我们所能观察到的范围，只能是迄今为止，从我们观察处发出的光能行进到的范围。基于这一实际情况，结合宇宙膨胀理论，这一范围在每个维度上均为大约 450 亿光年。不过，在此之外的宇宙是有限还是无垠，目前尚不清楚。

尽管无限宇宙在哲学上具有一定的诱人处，但我们通常会对任何呈现为无限的实体持怀疑态度。会出现这样的情况，部分原因应归结于我们多数时候依赖于数学认识现实世界，而数学却与真正的无限相悖——数学中，以永远无法达到的极限替代无限，这也是微积分所使用的理论。无限并非任何普通意义上的数字，它不遵从常规运算定律——比如，无穷大加上 1，结果仍为无穷大。所以，尽管我们不能否定无限宇宙的存在，但出于方便的目的，我们通常会技巧性地定义一个有限宇宙。

以纯粹的三个维度出发进行思考，若我们的宇宙有限，将会出现一些明显的问题。在宇宙边界处会有何事件发生？在所有事物的边界之外存在的是什么？如果宇宙有限，对我们而言，最理想的就是能找到一种方法，能同时满足宇宙有限且无边界的要求。有一种方法正好能满足这一点，它构建于一个具有类似效应的二维空间模型之上。它就是我们熟知的一种情形——地球表面。

如果不考虑海洋，地球表面将会呈现出一些非常有趣的特征。地球表面当然是有限的。然而，无论我们朝哪个方向走，都无法抵达这一行星的边际。之所以会出现这样的情况，是因为地球表面这一明显为二维的空间，实际上已在三维层面上发生了折叠。因此，在这个二维空间上，在我们认知中可能存在的所有边际，均与这个二维空间的另一侧发生了融合。

将这一观点延伸至三维空间，我们将得出一个结论——"因为有无法探测到的第四维度存在，假若宇宙在这一维度上折叠闭合，就可以形成有限但无边界的空间。所以，在这一宇宙中，无论向哪个方向前行都会得到同样的结果，从另一方回到原点。"这与前文描述的地球表面的情形如出一辙，尽管宇宙是一个有限实体，我们却找不到出路。在已有的天文学证据中，有线索显示这样的情形可能存在。靠近可观测宇宙边界时，或许就能看见宇宙另一侧的景象。不过，尽管理论上如此，目前尚无经得起严格推敲的证据支持这一点。

对于我们正在打造的玩具宇宙，仅就空间方面的问题而言，我们目前已谈得够多了。毕竟，我们目前所拥有的仍是一个非常单调乏味的宇宙。不过，这一宇宙正变得越来越有趣。一旦我们加入各种素材（stuff），相对论将有机会大放异彩。

3 素材

有了素材——东西、物体，随便你怎么称呼这些素材——空间开始向一类新的、可探索的深度方向发展，但这样的探索只会发生于意识中且只能探索无关于时间的事件。真正的探索要求时间概念必须存在。到此，一个全然相对性的概念开始发挥作用——位置。任意一个孤立的粒子均可成为参照系，用以定位另一个粒子的位置。一旦我们有了两个或更多粒子，就能对这些粒子间的性质，例如质量等进行比较。

在此处，我们采用了一个不那么科学的词"素材"。这很重要，因为那个更恰当的词"物质（matter）"并不能完全涵盖我们即将添加进虚无的材料，如光就非物质。此外，采用"素材"一词还有另外一个非常重要的方面，它可以使空间听上去是在虚无基础上有所进步。我们也将发现，"素材"将使基本力发挥作用，为我们的宇宙增添更多复杂性。

同时，素材为我们带来了第二种绝对性，对此我可以进行论证。看上去，构成素材的各种基本粒子具有不变的性质。尽管这些素材在本质上具有独立性，但它们之间仍具有奇特的联系。比如，为何质子（更准确的表达，构成质子的夸克集合）与电子会含有数量相等且性质相反的电荷？这样的现象并没有明确的原因，但绝不是巧合。那么，为什么会有且只有两种电荷且其性质相反（正电荷与负电荷）？这又有原因吗？我们真的需要有希格斯玻色子存在吗？素材不仅为空间带来了相对论，也同时展现了自身的奥秘。

我们一直在感受着物质，感受着光。然而，事实上，我们日常生活中与物质之间发生的交互作用只是一个从未改变过的骗局：我们被数不清的微小粒子的集体行为愚弄，若单个地观察这些粒子，将会发现其行为方式似乎与本质相悖。

一旦开始讨论素材，空间就有了更重大的意义。空间带来了一种可能性，使我们能在更宽泛的范畴内设置参照系。若没有空间，所有物质将存在于同一个位置。在我们对数量作比较时，这样的情形将带来不便。在一个仅具有唯一位置的宇宙中，改变也可以发生，只要有时间（我们将在下一章讨论这个问题）存在即可，比如随时间变化一部分物质突然出现或消失。但在这样的情形下，并不会发生任何具有特别意义的事件。

我们之所以具有研究周围世界的能力，是因为我们具备了空间所带来的大量优势基础。有了这些空间，素材才可以运转，这些情况无可否认。比如，宇宙遍布危机，而在很大程度上，我们是一种不愿承担风险的种族。然而，如果我们必须将宇宙间的每一项风险均纳入考虑——比如，数百万光年远的黑洞，或是近在另一片大陆上失控的汽车——我们将会束手束脚。因为仅从数目上看，我们要直面的风险就已压倒了一切。然而，在事实上，这些风险中的绝大多数距离我们太远，压根不会是我们需要考虑的事件。宇宙的扩张现象保护了我们，让我们远离了被大量风险压垮的危机。①

基本物质

欲向模型宇宙中引入素材，我们需要知道那些应向虚无中添加的素材究竟为何物。正如之前提过的，就素材的本质（构成素材的成分）而言，它们似乎具有某种绝对性的特质。当我们将目光聚焦在素材中最熟

---

① 当今的世界，看上去是一个非常复杂且举步维艰的场所，扩张的宇宙正是造就这些现象的原因之一，这一点经得起论证。

悉的一类，即物质时，你会发现一些在数量上相对较少的元素：大约94 种。①

与宇宙间的原子数目相比较，94 仅是一个非常小的数字。显然，我们无法确切地知道宇宙间的原子数目，但我们可以通过恒星中的原子数、星系中的恒星数，以及已知宇宙中的星系数得出一个近似值。再引入一个修正系数，对恒星外存在的所有支离破碎的素材的量（记住，恒星的质量非常大——太阳占据了太阳系99%的质量）进行修正，我们估算得出，在可观测宇宙间约有 10^{80} 个原子，每个原子皆来自那些尚不足百种类型的元素。

从学校学过的那一些科学知识我们知道，在更为贴近本质的层面上，某些事件比上述情况或许还要简单。每一个原子——从最简单的氢原子到人造元素的原子——都能分解为一组相同的粒子。这组粒子仅包含三种类型：中子、质子、电子。相对更重一些的中子和质子构成了核心，电子以模糊的概率云形式占据了原子的外围。

当你开始思考原子时，你能发现，原子的确是个经典案例，它证明了宇宙间存在普遍性。根据我们现有知识，地球上的物质，在本质上与太阳相同，与猎户座 α 星相同，与数十亿光年外的宇宙相同，这是普遍性无处不在的体现。无论何时、何处，物质的构成单元均相同。

对光而言，普遍性同样存在。组成光的素材是光子。同样地，无论是透进你家休闲厅的光，或是宇宙大爆炸后那越过空间的残留辐射，上述的各种光似乎都是同一类事物。光看上去似乎具有可变性，比如氢原子只有一种类型（暂不考虑同位素），光却有许多种不同颜色。光的色谱中不仅含有我们能看见的色彩，还含有许多不可见色彩：无线电、微波、红外线、紫外线、X-射线和伽玛射线，它们都不相同。无论哪种"颜色"的光，都是光。

---

① 理论界曾经认为，元素序号为 92 的铀就是最重的天然元素，但在自然存在的发生着裂变反应的矿中，还有序号为 94 的钚产生。在本书撰稿时，元素周期表已收录了共 118 种元素，在钚之后的元素都是人造元素，它们在自然界中原本并不存在且半衰期均短得不可思议。

　　然而，当我们去探究光的颜色的意义时，会让人挠头。我们通常所说的颜色，比如红色的信箱，其实是信箱吸收了大多数来自太阳的白光，将特定频率的光进行重辐射。在这个例子中，在重新辐射的光中，多数为红色频率光。然而，光本身的颜色与物体的颜色并不相同。我们能看见物体被照亮，但我们并不能以类似的方式看见光被照亮。事实上，站在光束的侧方，光不可见——你在科幻电影中看到的那些一闪即逝的激光光束，多半是后期特效。如是真正的激光，你只能在有烟雾（或空气中存在大量的非空气细小颗粒物）存在的房间中才能看见少许光束，光子在这些颗粒上发生了反弹并射向了你的眼睛。

　　当我们看见光束具有某种颜色时，其实是我们眼睛里的不同光感受器接收到了抵达眼睛的光子，然后由大脑对接收到的信息进行加工并给出反馈结果。别的先不提，我们先看看为何我们能看见光谱中并不存在的颜色，例如洋红色。想一想彩虹，彩虹里有洋红色吗？没有。洋红色并非光所包含的颜色，只是因为白色光去除绿色后，我们眼睛反馈给大脑的结果是洋红色。

　　那么，既然我们看到的颜色实际上只是人们的主观感受，找到更好的方式描述光的颜色变得非常必要。长久以来，传统方式对光的颜色进行描述时，均以光的波长或频率为依据，其采用的模型则将光视作为波。不过，在考虑与素材相关的问题时，将光考虑为粒子——光子的集合，会更有实用性。在光子模型中，"颜色"则以每一光子所携带的能量作衡量。氢原子必然含有一个质子和一个电子，与氢原子不同，光子的颜色并不一定是这一光子的绝对特征——其颜色完全依赖于我们选择的参照系。举例，我们可以通过移动光源，或相对光源移动我们自身的方式改变光的颜色。如果光源向我们移近，会发生光谱蓝移，因为光子会获得额外的能量；如果光源远离我们移动，会发生光谱红移，因为光子的能量减少了。

　　因此，当我们在讨论光具有不同颜色时，其背后的真正含义是光子具有不同能量——对于构成物质的原子而言，情况亦是如此。实际上，原子具有双重能量。作为量子粒子，原子绝不会处于静止状态，而是以极高的速度，在小范围内不停地来回移动。同时，在原子的内部结构中也蕴含有能量，比如，原子能吸收光子。当某一原子吸收一个光子后，原子中的某一电子将跃迁至另一不同能级，获得势能（电子发生量子跃迁）。故该原子此时具有了更高的总能量。

基于这样的观点，所有素材都具有标准化的构成单元且具有不同的能量。无论我们在哪里观察这些标准单元，它们看上去都来自同一生产线。真实情况并不一定如此。然而，这样的标准化会使复杂结构的形成变得更具可能。此外，这对科学家而言是大福利，假如素材之间毫无共通性，科学家不能对宇宙作出外推性的任何描述。

如果我们停止探索那些由中子、质子、电子及光子构成的素材，科学研究也许会变得更便捷——上述素材只代表了简洁性中的一种，它的优点在于可从我们身边轻易接触。然而，现实中，在这类探索上，学术界还发生着更多的故事。20 世纪 30 年代，人类就发现了一些新粒子，如反电子；核反应中出现了少量质量消逝的现象，人类预测有一种新粒子（中微子）存在，在此预测之后很久它（中微子）得到了观测。至20 世纪下半叶，探寻新类型的素材受到科学家热捧。

20 世纪 70 年代末，我在剑桥大学学习物理。当时，学术厅几乎每周都会迎来某位迈着轻快步伐的演讲者（全是男性），宣称又有某一种新粒子被发现。看上去，人类正在发现各样的新素材。这些新素材来源广泛，从宇宙射线（自太阳系以外的宇宙冲入地球大气的高能粒子）到实验室中越来越强大的加速器，都在产出这些新素材。

事物总得有一个运动方向，或者有向某方向运动的态势，于是人类构思出了对称性。对称性在自然界中无处不在。前章，我们介绍的空无一物的虚无宇宙就处于一个完美的整体对称状态。一般地，我们总倾向于将对称一词与镜面反射中的映像关联，如试想"她有一张非常对称的脸"。但事实上，对称还存在于很多地方，如旋转、运动（侧向运动）。在广义上，当你使某系统发生了某种变化且变化前后无差异时，对称即出现了。在前述的虚无宇宙模型中，完美对称的确存在，因为我们进行的任何操作都不能改变任何事物所体现的形式。

一旦我们将素材引入模型宇宙，事情将渐渐变得复杂。例如，单独一个粒子仍然在各方面具有对称性，因为我们没有可用的参照点对其进行参照，故无法指出这一粒子的运动方式。但粒子的数量一旦超过 1，对称性就有被打破的机会。假如存在某物体，它由一组粒子构成，同时有另一粒子可作为该物体的参照系，那么这一物体就有失去轴对称的可能。试想模样类似于信箱的电视屏幕，当电视屏幕未显示图像时，它会在且仅旋转 180 度的条件下满足轴对称。如果屏幕上显示有画面（画面自身不处于对称状态），它将失去所有的轴对称。

因此，正是素材造就了对称存在的可能性，对称也能反向告诉科学家有关素材信息。我们在 20 世纪发现的多种粒子具有不同的电荷、质量及其他不那么明确的特征（例如"自旋"，这一概念令人困惑，因为对粒子而言，自旋与旋转并不相关）。通过比较这些粒子，我们发现了许多近似对称——按对称模式可对粒子进行类别划分。数名科学家在各自的研究中均意识到，"许多粒子并非基本粒子，它们仍由亚组件构成"，这或许需要数十年后才能证明。如果此推论得到证实，那么，基本粒子的数目会被削减回到较少的状态。

这一推论的最终产物就是粒子物理学中的"标准模型"——与我们的模型宇宙结合，它就是素材的标准模型。现已发现，许多大质量粒子（如质子与中子）以及多数新发现的粒子，均可能是由更小的、被称为夸克的粒子按不同方式组合而成。夸克具有另一种"荷"，被称作色荷，色荷以三种"味"的形式呈现。除了多种类型的夸克，现认为的基本粒子还有电子及其兄长们——μ 子、tau 子、三种中微子和各种玻色子。

人们最熟悉的玻色子是光子，我们通常以光的形式接触到这一粒子，光子也是与电磁力有关联的粒子。其他的基本力也有与其相关联的玻色子：胶子、Z 玻色子、W 玻色子。今天，我们还提出了希格斯玻色子，我们将在稍后详细探讨。除此之外，再引入反粒子（某些属性处于相反状态的基本粒子），你将能得到一个现代的标准模型。这一模型并不完美——事实上，在某些基本层面上它可能不正确——但这是我们目前所拥有的最佳的素材模型。

相宙 要有光
对论

现在，我们看看第二类素材——光（第一类素材是物质）。对此，我们有许多需要思考的地方。此刻，我们从一组光子的集合出发，并在高于光子集合的角度去思考，何为光？光是我们每天都在体验的一种事物，它让我们拥有了视力，它带着来自太阳的能量点亮了地球。不止于此，光还是电磁力的载体，电磁力是我们大多数物理交互作用的基础。正如我们所见，我们曾认为光仅指眼睛可以探测到的素材（过去仅指可见光谱），但光的含义非常广泛，从无线电波到伽玛射线，都是光。

光对人类的意义我们已知之甚详，但要确定光究竟是什么，我们却仍面临许多困难。与物质不同，光不能被触摸。我们只能使用恰当的传感器去检测，例如眼睛里的可见光传感器、皮肤中的红外线传感器，以及日常所用的电子传感器（包括手机摄像头里的传感器以及哈勃太空望远镜里的传感器）。

很早以前，人类就将光与火联系在一起，光是带人类走出黑暗的主要手段。或许是因为观察到火炬燃烧后掉落的灰斑，人类最初认为光以粒子形式出现。我们在物理学中频繁地使用"粒子"一词，以至于它像极了现代产生的科学术语。实际上，这一个词至少可追溯到 14 世纪。有恰当的理由认为，约翰·特雷维萨（John Trevisa）的英文译著《事物的性质》（*Bartholomaeus Anglicus' De Proprietatibus Rerum*）是这一个词的最早出处之一。他在书中写道："火花是一粒小小的火焰。"

到牛顿时代，许多人认为，光由一束无质量的微小粒子构成，人们称这种粒子为小体（corpuscles）。随后，这一观点受到了越来越多的质疑，尤其是牛顿的竞争者。比如，克里斯蒂安·惠更斯（Christiaan Huygens）就认为，光是一种波，其行为方式类似于池塘涟漪的波动。当时的人们早已知道，声音以波的形式传播，而光的某些行为与波的运动相近。

牛顿执着于光"小体"理论的原因是，他确知光能穿越真空而声音不能。在真空中，声音无法传播。有实验早已证实了这一现象：将装有一个铃铛的罐子抽成真空，铃声不再可闻，但铃铛运动依然可见。波（如声波）的传播需要介质——某种发生波动的材料。波本身并非实质（如光，就是一个无可否认的支撑证据）。波仅是波动材料中某组常规运动的集合，只是这些常规运动经过了规则化。但光穿越太空（真空状态）这一过程，发生波动的材料是什么？

牛顿的对手们提出了一个答案，他们认为，真空中存在着某种物质，并将此物质命名为传光以太（ether），传光以太填满了整个宇宙。以太确实是一种奇怪的素材，它无法被检测。对于穿过其中的物质，它不产生任何阻力；同时，以太具有完全刚性的性质。但即便有这样的假设，也很难解释波为何能在以太中传播。一旦以太内部具有任意一丝"弹性"，波在以太中传播时能量就应随时间而衰减。但人们的观测结果是，光似乎能永远地前进下去，没有任何传播材质会给它带来损耗。

以太理论还存在另一个问题。随着时间的推进，人们越来越清楚，光具有侧向波动（side-to-side wave）的现象。光的波动类似于沿着绳子向前传播的波动，或类似于池塘表面的波纹，而并非沿传播方向不断扩大又缩小的纵波（compression wave）。纵波的形态如同一个六角手风琴不断张开又合拢，声波正是这样一种形态。光波为横波，这点已得到证实，例如光可发生偏振就证实了这点。实际上，采用某些特殊材料（如天然存在的冰洲石晶体），能将某一特定方向上的横波进行分离。

现在，我们知道，横波只会发生在物体的边缘。例如，横波不会发生在池塘的水面以下，只发生在水面。之所以如此，是因为进行侧向波动的物体需要在其侧向方位有腾挪的空间，以形成波动。处于介质边缘时，这一波动能很好地发生；但在物体深处，发生波动的部分会撞上其周围的物质，波动会被碾压平息。问题来了，光为何能欢快地从以太中穿越，未遭遇任何阻碍。实际上，我也很难想象以太有边缘。

今天，光如何以横波形式传播仍未彻底弄清，但在 19 世纪早期，人们就证实了光是一种波。实验显示，两束相似的光可以相互"干涉"。如果两束光在某一特定时间在某一点相遇且波动方向相反，它们会彼此抵消；如果它们在相遇时正好向着同一方向发生波动，它们会相互增强，其结果是波的振幅更高。池塘中的波纹也会发生相同的情况。将两块石头扔进池塘，它们产生的波纹会有许多交叠的点，在互相增强的点上，波纹变得更强，而某些抵消的点则会呈现出几乎静止的现象。

看上去，詹姆斯·克拉克·麦克斯韦（James Clerk Maxwell）给光的粒子学说带来了致命一击，他证实了光是一种电磁波。麦克斯韦认为，仅在那些以某一特定速度传播的波中，电波与磁波间的自持性交互作用才会出现，而这一速度早已为人所知——光速。这就证实了光是一种电与磁之间发生的自持性、表现为振荡形式的交互作用。

然而，爱因斯坦却用数十年的时间揭示出，在某些特定情况下，光的确会以粒子集的形式体现其行为。例如，当光照射在某些特定类型的金属上会产生电。若光是一种波，这一行为绝不可能发生。在爱因斯坦及他同时代的科学家的工作中，量子理论诞生了。随着这一理论的逐步完善，量子物理学家理查德·费曼在演讲中宣称："明白光的行为类似于粒子，这一点非常重要，尤其是对那些上过学的人而言更是如此。在课堂上，你们接受的教育或许将光的行为描述为波。现在，我要告诉你们，光的确有类似于粒子的行为方式。"

费曼向公众强调这一点，是因为他正研究量子电动力学（QED），他凭借着自己在量子电动力学领域的成就获得了诺贝尔奖。这一复杂理论能通过使用具有相位的粒子的行为解释光以波的形式所体现出的所有行为。具有相位的粒子会与生俱来地具备一种特征，即相位随时间变化而变化，这为其带来了类似于波的属性。费曼倾向于将光的本质看作粒子。不过，也有科学家为我们带来了另一种看待光的视角，费曼同样是这些科学家中的一员。当时，这种看待光的方法业已在物理学家中得到了较为普遍的认可，将光视作量子场中的一种扰动。

相字 对宙 论论 场论研究

场是一个非常有价值的数学概念，最基本之处是描述那些空间与时间中具有值的不同位点的本质属性。举例，气象地图显示的就是一种场，它描述某特定时间不同地点的气压。现代的动态气象地图也能显示上述的场随时间而发生的改变。以场的观点看待光，光就变成了电磁场中某一局限点的值的改变。这一改变与光速随时间传播相关，与其他因素无关，这一方法对几乎所有素材均适用。

作为一种数学模型，场可以如你心意地进行调整。场仅是一系列取值的集合，这些值取自场所覆盖的时间与空间中的每一个点。在场的定义中，包含对取值类型的限定。这一限定可为完全开放型（任意取值均可），也可为具有限制条件。比如，描述围棋棋盘的场就是一类二元场，取值只能为黑或白之一。与物理学家使用的多数场一样，光被描述为一个"量子场"。

二元场是一种量子场，但并不复杂。在量子场中，时、空上任一点的取值以单位大小的倍数形式出现，这一单位就是量子。量子的值可以是任意的（或不具有值），但其改变必须以单位大小的倍数出现。光的量子——光子——在发射出时，原则上可以有任意取值，但之后这一光子就具有了特定的值。我们想想，若有一个能量为 E 的光子正经过一个电磁量子场，在光子路径上，量子场取值发生改变，光子通过时场的值会直接从 0 跃迁到 E，当光子离开后又回落到 0。这样的变化呈现出离散的形式，而非连续的形式（平滑形式）。想一想，分数与小数之前的差别，前者为量子形式。

在构思关于光的描述时，早期的物理学家均采用了绝对的描述方式。牛顿认为光实际由小体构成，他的对手及后来的物理学家认为光是一种波。即便今天，物理学家在偷懒的时候也会同样简单地认为光是量子场中发生的扰动。然而，所有上述绝对主义的描述都不对。你应当还记得费曼的说法，他并未宣称光由粒子组成，他说光的行为类似于粒子。

荒谬的是，光的现象使我们得以视物，而我们却无法视光。一直以来，我们所能进行的只有建模，针对光像什么去建模，这是结构化类比法。早期科学家也许并未明确认识到他们所进行的正是这样一项工作，因为他们只能意识到那些能触摸并观察的事件。故而，他们坚定地宣称"光是粒子流"或"光是一束波"。他们真正进行的是将光的行为与粒子或波一类的日常事物进行比较，在比较中对光进行建模。所以，他们真正应该说的应为类似费曼那样的语言："光像是……"

针对物体，牛顿与惠更斯采用过基于观察的模型，现代物理学家更倾向于使用基于数学的模型。在处理光一类的事物时，我们能做的就是基于数学建模。当我们采用这一建模方法时，就从绝对性描述（"光是一种波"）迈向了相对性描述，将构建的模型与另一模型进行比较（"光像是一种波"）。这一模型为我们提供了概念上的参照系。我们必须认识到相对性方法的重要，按照绝对的语言只能得出"光就是光"，它并无任何用处。

宇宙的本质像什么？在现代物理学家的视野中，场处于宇宙本质的核心地位，而他们经常忽略场也是模型。在构建模型宇宙时，我们从虚无的空间开始，现又加入了一些素材。然而，许多物理学家还有其他的做法，他们会向虚无的空间中加入场。针对各种场的集合还有一个术语，这一术语被认为是构筑真实性的基础——"体宇宙"（the Bulk）。

想象一下，使事件发生的那些构成宇宙与力的所有素材（包括自然法则）都由场的集合进行表征，素材之间的场产生了我们体验到的现象，这样的想法具有合理性。这仍是一个模型，但这一次的比较发生在自然与一组数学规则之间。在将不同元素结合构建为一个如上述那样复杂的数学模型时，经常会发生某些方面彼此冲突的情况。比如量子理论（描述量子粒子或场）与广义相对论（描述万有引力）之间的冲突。两个理论毫无和平共处的可能，总得有一方让步。

解决此类模型部件间发生的冲突，方法之一是引入另一个部件以修正模型。这会让模型变得复杂，在运算时华而不实，但它却能让整个模型得以运转。历史上，当地球周围星体的简单圆周运动无法作为一个模型成立时，科学家引入了本轮的概念。实际上，本轮是在大圆周运动上发生的小圆周运动，其产出的结果更接近于观测到的运动。

类似的还包括大爆炸模型，当这一模型无法解释宇宙间的明显一致性（假设宇宙具有一致性）时，膨胀的概念（宇宙突然毫无原因地大范围扩张开来）就被提出并附加到了大爆炸模型上，使其能重新与观察到的实际结果一致。当然，修正模型并不是唯一方法。通常，抛弃失败的模型并从头构建一个新模型，也是一种选择。但这意味着科学家们将放弃多年的历史研究。尽管在电影中，科学家频繁地以情感冷漠的形象出现，但科学家也是普通人，他们通常会坚持某一理论并对其进行修改，鲜于直接采取危险举动。此外，在多数时候，科学家对理论进行修改都获得了成功，使该行为看上去合理且富有价值。

在描述宇宙的场理论中也发生过类似情况。比如，数学家预测，携带弱核力（弱相互作用）的 W 粒子与 Z 粒子（或更恰当地将其称作相应场中的扰动）应当没有质量。类似地，构成质子与中子的夸克也应当没有质量。然而，奇妙之处在于，夸克不会让质子与中子有质量，质子与中子的质量似乎来源于内部的能量，正是这些能量使夸克结合在了一起。因此，理论学家们引入了另一个场，称希格斯场。它的唯一作用是作为一种普遍存在的、无特定形状的黏性场，为物质增加惯性，从而提供质量。

如果希格斯场真实存在，我们就有可能观测到在该场中发生的扰动——这样的扰动可作为粒子被观测到。这也是我们寻找希格斯玻色子的原因。就玻色子自身而言，它并不会具有类似于电子或光子那样明确的功能。我并不是说希格斯玻色子产生了质量，而是说假若希格斯场存在，就可以预期有希格斯玻色子存在。

以 2013 年大型强子对撞机的结果看，希格斯场或有存在的可能，但检测到符合希格斯场预期的粒子并不能绝对证实场模型理论。这与通过检测光子或光波去证实电磁场是相同的道理。还有一点需要强调，虽然媒体经常报道，称这一实验揭示出希格斯场不存在的概率为三百五十万分之一，但此说法并不准确——真实情况是，在未检测到粒子的情况下呈现了检测到粒子的实验结果的概率为三百五十万分之一，该概率来自统计学上的完全随机化假设。同时，我们也没法证实，造成上述结果的粒子就是希格斯玻色子，我们仅能证实这一粒子符合我们的预期。

对量子场论来说，这并不重要。量子场论是目前描述素材关键行为的最佳模型（尽管在某些情况下采用波或粒子描述素材更容易）。随着希格斯场的引入，在描述观察结果时，模型会更接近于良好数学描述，只是这一数学描述在一定程度上有些混乱。不过，我们不能将这一数学描述与素材为何物的实际描述相混淆，如同不应将地址与地址所示的房屋混淆一样。

愿原力与你同在

到目前为止，我们已数次提及自然界基本力的概念。从场的观点来看，每一种基本力都是一种场，充塞于宇宙。我们正向构架的虚无宇宙填充素材，站在这一角度看待力时，四种基本力（万有引力、电磁力、强核力及弱核力）正是素材与生俱来的组成要素且定义了素材的行为方式。（我们将在后续章节引入时间与运动，以理解此处提及的行为方式。）

在四种基本力中，万有引力有别于其他三种，它使素材与素材之间具有了相互吸引的自然趋势。我们将在第 6 章对此问题展开探讨。人类最熟悉的第二种基本力是电磁力。电磁力能使某些种类的物质吸引或排斥另一些种类的物质，它还能使光与物质发生相互作用。

核力通常在原子核的紧密狭小的范围内发挥作用。强核力提供聚合力，使诸如质子与中子这样的粒子中的夸克聚集。尽管带正电荷的质子间存在相互排斥的电磁力，但强核力能使原子核中的粒子聚集在一起。

弱核力显然不会带来常见的引力或斥力，但它却是某些粒子向其他相关粒子转变的缘由。这意味着核衰变之类的事件必定牵涉弱核力，核衰变正是核电站及原子弹的能量来源。

四种基本力与素材中的粒子结合，几乎能完整地描述宇宙的行为。然而，现实通常会存在许多粒子，且量子粒子的行为表现为概率值（非绝对值）。如此，采用上述细致的思维方式处理现实世界的问题变得困难，故而简化成为必然。

其他物质

无论我们决定采用哪一种方式描述素材，素材中的物质都会有两种、三种，甚至四种以上广义类型。两种类型的物质，即已得到绝对证实的物质与反物质。回溯 20 世纪 20 年代末，一位在量子理论中鲜为人知的伟大贡献者、理论物理学家保罗·狄拉克（Paul Dirac）正尝试一个麻烦的方法：将量子理论与狭义相对论结合起来。量子理论描述诸如电子一类粒子的行为，狭义相对论是该理论的一个必不可少的补充，因为电子及类似电子的粒子通常运动速度很快，狭义相对论这一针对牛顿定律的修正理论则有了用武之地。

为提出一个恰当的方程，狄拉克冥思苦想，最终完成了自己的杰作，成功地描述了电子及类似粒子的行为，甚至是这些粒子以接近光速运动时的行为。不过，此方程有一处痛苦的代价，与方程如影随形。为正确描述电子，方程中的粒子应能携带或为正或为负的能量。然而，狄拉克的预设条件有相当大的挑战，方程暗示电子能量向负能态方向越扎越深，电子将释放出越来越多的能量——每个电子都能成为一个无穷的能量来源，这显然不会发生。

在解决这一问题上，狄拉克的方案很激进。他将宇宙起源之前想象为一片无垠的电子"海"，电子填充了所有的能量可能为负值的位置。显然，这意味着电子的能量状态决不可能跌落至 0 以下——因为所有空间均被早已存在的电子海占据，发生能量跌落的电子无处安身。

尽管这样的假设可使方程得以成立，但毫不夸张地说，这是一个诡异且难以令人接受的解决方案。有了这样一个负值能量之海后，方程对电子的行为作出了大胆的预测，且预测结果与观测值较吻合。狄拉克继续向前推进，如果电子海真实存在且填充了全部负值能量的空位，那么，基于这样的情形就能进行可验证的预测——当一个入射光子将能量传递给电子后，电子会跃迁至较高能级。比如，海洋中有一个能量为负的电子被一个恰当的光子击中，它将跃出海面并留下一个空穴。

这个空穴会带来何种现象？狄拉克对此进行了深思。空穴的出现意味着电子海中有一个带负电荷的、能量为负的粒子消失。他意识到，这样的现象等同于"海洋中出现了一个带有正电荷的、能量为正的粒子"。用能量撞击一个能量为负的电子，结果产生了一个从未听说过的粒子——与普通电子相同，但带有正电荷。这应是一种反电子，或许，可以给它取个名字——正电子。事实上，该名字很快得到了大家的认可。

除上述现象之外，一个普通的能量值为正的电子①也可以跌落至空穴中，这一过程会释放能量。与此同时，电子与空穴将消失。这一现象等效于电子与正电子（分别是物质与反物质）碰撞在一起时相互湮灭并释放能量的情况。

---

① 电荷与能量不可混淆，这很重要。一个普通的电子带有一个负电荷，但它具有正向的能量：由其质量、运动的动能及其势能（该电子为原子中的一部分时，会具有势能）所体现的能量。

　　狄拉克最初认为，这些正电荷粒子是原子中的质子。由于当时尚不知道反电子实际为能量为负的电子，故不能很好地解释他提出的正电荷粒子（质子）的质量会与电子质量不同的原因。此外，若这些正电荷粒子真是质子，那么，模型推算电子和质子将会彼此湮灭而非构成稳定的原子。狄拉克在剑桥度过了自己大半的职业生涯。不巧的是，当美国物理学家罗伯特·米利肯（Robert Millikan）到剑桥讲演时，狄拉克却休假去了普林斯顿，米利肯支撑狄拉克的观点。当时，米利肯的学生，卡尔·安德森（Carl Anderson）正研究宇宙射线的效应，宇宙射线是自深空喷射向地球的高能粒子流。

　　安德森构建了一个云室，当粒子穿过这一装置时会产生由液滴形成的轨迹。他多次发现，当电子出现时，总会有另一种粒子伴随出现，且二者正好成对。在磁场的影响下，这种与电子成对的粒子的运动方向会发生弯曲，轨迹与电子相反，且显示出带有与电子相反的电荷。通过质量更好的仪器收集到更多的证据后，至 1933 年，这一现象得以明确，一个带正电荷的电子等价物被人们发现，它与电子成对共生，这种粒子完美地符合了狄拉克提出的反电子。

　　尽管狄拉克最初仅基于电子进行观测，但很快他所提出的公式不再需要负值能量海的假设。人们意识到，没有理由拒绝基本粒子有反物质等价物存在——比如，对质子而言，反质子具有存在的可能，后者是前者的负电荷伙伴。在欧洲核子研究组织（CERN），由正电子与反质子构成的反物质原子已在常规生产。

　　还存在很多不那么显眼的反粒子，如反中子。尽管中子没有可供反转的负电荷，但中子的许多其他特征却在反中子上发生了反转。甚至有人推测，反原子可能会产生相反的万有引力效应，与普通物质互斥。然而，人类目前尚未生产出足够多的反物质以验证这一假设。此外，多数物理学家认为这样的结果发生的概率极低。

　　反物质的存在不仅得到了实验的证实，它在早期宇宙的建模上也发挥作用。大爆炸模型要求，整个宇宙源自一个几乎为一个点的源头。显然，要将今天存在于宇宙间的原子塞进一个点非常不现实。然而，大爆炸理论要求存在于早期宇宙的仅只是能量，能量并不需要空间安放。

正如粒子与反粒子可以结合产生能量，能量也能转变为一组粒子/反粒子对。反物质的存在为物质的出现带来了一种假说，但也存在明显的问题——宇宙间，物质与反物质的总量应当相等，它们时刻准备着结合在一起并完全摧毁彼此。对我们基于物质的生命形式而言，值得庆幸的是，宇宙间所存在的物质似乎远多于反物质。那么，那些略少一些的反物质发生了什么？

回溯宇宙的早期时光，我们所提出的理论通常极度依赖于推测。对于上述问题，我们推测出了两种可能性：其一，物质与反物质在空间上彼此被分离——反物质在某处存在，但这个地方处于我们所能触及的范围之外。其二，大爆炸过程中，物质与反物质在对称性上略有失衡，故而这一过程产生了略多一些的物质，这些多出来的物质构成了我们所见宇宙的内容物。

相宇 向至暗之处寻求

反物质仍然属于常规素材，受到的力作用与普通物质相同。其他一些可能存在的物质类型也许更奇特，至少站在我们这一类常规的基于物质的生物的视觉观察的确如此。这些类型的物质包括暗物质与反暗物质。今天，我们已经知道，暗物质是一种假想的"其他"类型的物质，它仅通过万有引力与物质（构成恒星、行星及人类的物质）发生相互作用。

暗物质对电磁场或强核力均无响应，或许就在此刻，就在你面前的空间中，已填满了暗物质。它们在你的身体中自由地穿行，不带走一片云彩，你也意识不到它们的存在。听上去，这似乎不可思议，但它却并不难想象。中微子即一类以粒子形式存在的常规物质，且与原子发生相互作用的能力极弱。每秒，都有数百万计来自太阳的中微子穿透你的身体，而你却丝毫不能察觉。

与暗物质的量进行比较，太阳输出的中微子暴雨微不足道。暗物质能聚集成大型的团块产生引力效应，这一效应在星系这样的尺度上尤为显著，并以此展现其存在。在星系这样的尺度上，暗物质的存在感强烈。因此，人们估测，若以质量计，宇宙间暗物质达到了"传统"物质的五倍以上。

此比例被频繁报道，我们应仔细思考这一数字代表的含义。当谈及所有的"传统物质"时，我们纳入了宇宙中的所有恒星、行星、黑洞、星尘及气体。在这个前提下，我们所得的素材的总量也仅为那些以暗物质形式存在的玩意的20%。这一数字捅出了一个天大的窟窿——尽管我们纳入了数不尽的星系，每个星系有数不尽的恒星、行星及生物（至少地球有），但与宇宙的暗物质相比，我们统计的物质的总和实在太小。

因此，弄清楚暗物质为何物，显得意义非凡。此时，出现了一个问题——应如何认知某样不可见、不可触，不能回应你的东西？它只能在聚集为非常大团的情况下才能通过引力效应作间接观察。从某种意义上看，"暗物质"这一名字本身就赋予了丰富的恐怖幻想，令人印象深刻。然而，这个词的使用却并不恰当。事实上，暗物质或许"透亮"得超乎你的想象。

粒子物理学家与宇宙学家进行的常规观察多为间接性观察，比如我们看不见也感受不到电子，我们无法直视黑洞，但这并未能阻止我们对其展开大量研究。在暗物质的本质研究上，尽管不可避免地仍然需要大量推测，但一些思考却非常认真且有价值。要明白这些思考的源头，我们必须先解决一个根本性问题——找到暗物质存在的证据。

暗物质看上去就像是宇宙学家的一种新迷恋——毕竟，课堂上可没人告诉我们暗物质。但事实上，暗物质的概念可回溯至20世纪30年代。当时，一位名为弗里茨·兹维奇（Fritz Zwicky）的瑞士天文学家在加州理工学院（California Institute of Technology）工作，他在一个名为后发星系团的星系组群中发现了奇怪的现象——看上去，这些星系不可能组合在一起。以陶工旋盘上黏附的一块黏土为例，只有在其黏附力超过离心力时，才不会脱离旋盘并沿切线飞出。因此，对星系或后发星系团那样的星系群而言，恒星或星系有向外飞走的趋势，万有引力会将恒星或星系聚拢，这一向外飞走的趋势与万有引力聚拢的能力彼此平衡。

在星系群中，兹维奇找到的物质的量不足以使此星系群聚拢为一个整体——要达到能维持此星系群不离散的万有引力，所需的物质质量非常大。基于构成该星系的恒星中所能观察到的物质，对星系总质量进行各种合理的近似推算，均远不能满足这一质量需求。不过，就这一问题本身而言，也很难绝对准确——毕竟，在遥远的距离上，我们并不能观察到星系中的每一件物体（比如，星系群中的行星难以完全观察，我们无法探测距离超出银河系以外的行星，即便它们在星系总质量中的占比非常小）。

此外，还有尘埃与气体未能完全考虑，我们惯常认为它们非常轻。但请记住，恒星以及太阳系就由尘埃与气体聚集而成。在宇宙间，还有非常多的尘埃与气体。当然，宇宙间也还有真正黑暗的东西，它们存在于黑洞中。当时，兹维奇并未意识到黑洞，但如今的我们知道，每一个星系中央通常都有一个大型黑洞存在，其质量相当于百万级的恒星。不过，兹维奇估算出的质量非常大，即便将尘埃、气体及黑洞纳入考虑，在合理估测的情况下，似乎也难以达到能使星系群聚拢在一起的质量。

在某些方面来看，兹维奇有些特立独行，他喜欢抛出一些古灵精怪的奇思妙想，这意味着在实际工作中兹维奇的观察结果容易被忽视。因此，直到20世纪70年代，美国卡内基研究所（Carnegie Institute）的天文学家维拉·鲁宾（VeraRubin）在观察旋涡星系内恒星的公转方式并观察到了类似的难以理解的结果时，兹维奇的观点才得到重视。尽管星系形状千差万别，但所有星系的形状都倾向于近似碟形（与太阳系相似），且通常会在中央凸起并拥有旋臂，这是由其形成方式决定的。

星系也与宇宙间其他东西类似，拥有旋转的趋势。我们预期，当星系盘旋转时，不同的星系在距离星系盘中心部位不同的位置上会测量到不同的线速度。你可以在脑海中想一想黑胶唱片旋转的情况。假如，某张唱片以每分钟45圈的速度旋转，那么，在稍多于1秒的时间内，唱片边缘所行经的距离等于唱片的周长。但在相同时间内，唱片中央所贴标签的边缘将要行经的距离则短许多（仅为标签的周长）。因此，标签边缘的移动速度要慢很多。

我未用CD或DVD举例，因为根据激光头读取位置的不同，CD和DVD会改变其旋转速度，以保持各读取位点处的线速度大致相同。鲁宾和她的同事们在观察星系时发现，靠近星系外缘的恒星与靠近星系中央的恒星具有大致相当的旋转周期，这证明星系的旋转方式更类似于黑胶唱片而非CD光碟。这一现象意味着外围恒星的运动速度比我们预期的要快很多。唯有如此，方能在相应于内侧恒星的旋转时间内跑完星系的整个周长。外围恒星运动速度太快，从理论上它们不应能在万有引力作用下留在该星系内。

这就是科学家们钟爱的那类异常现象。揭示出大众公认的东西，可不会为你带来声望或诺贝尔奖——发现未知才是希望。上述现象，无疑是意料之外的事件。鲁宾的团队计算出，在星系内需要有不可探测物质存在，且质量需达到常规物质的五倍才能维持星系不致分崩离析并以一致的形式进行旋转。

一系列其他大尺度天文学观测似乎也确认了类似结果，在星系内所具有的质量应远超传统物质所展现出的质量。有一个不错的例子可以说明这一问题，它是引力透镜效应（也是兹维奇的想法）。我们将在第6章看到，爱因斯坦的工作清楚地提示，具有质量的物体会使空间与时间发生弯曲。这一现象意味着从遥远物体发出的光在经过某个近距离物体时，会向这一物体发生弯曲，类似于镜头弯曲光线。当物体质量足够大时，物体能发挥出透镜那样的作用，将背后的遥远物体汇聚成像。

当引力透镜具有某种特定外形时，其效应能生成遥远物体的放大图像，这一现象使引力透镜效应的存在更为明朗。同时，这一效应可让我们推断透镜的质量，无论构成这一引力透镜的是什么，均可推断。比如，若发挥透镜作用的恰好是某个星系，则会出现一个非常明显的结果——看上去，星系所包含的全部恒星及其他组成物质的可感知总质量达不到根据推断得出的质量。

宇宙 相对论 完整的宇宙背景

虽然观测星系与星系群能让我们感受到潜藏其中的暗物质的量，但这远不足以让我们形成一幅宇宙全景图——因为，宇宙间有许多地方并无星系存在。幸运的是，通过宇宙微波背景辐射，并假设暗物质总是伴随常规物质而存在，宇宙学家找到了一种方法得出宇宙中所存在的暗物质的总量。

宇宙微波背景辐射是一种弥漫于宇宙间的光，处于微波波段——宇宙大爆炸后的 38 万年，当原子第一次形成且宇宙开始变得透明时，这道光就出现了。在此之前，宇宙充满了等离子体，如同恒星那样绝非透明。现在，无论你看向任何方向，宇宙微波背景辐射几乎都相同。光芒并非来自某个特定的光源，基于此，它被称为背景辐射。背景辐射也会有微小的变化，现已证实，这些变化蕴含了大量的早期宇宙信息。

曾经，地面射电望远镜探测到了背景辐射。今天，通过一系列卫星，人类已在相当精确的水准上对背景辐射进行了作图。这幅面向所有方向、像鸡蛋一样的图像，其作图方式存在误导。从图上看，不同方向的背景辐射具有巨大的变异。然而，事实上，即便是图中呈现的最极端的变异反映出的现实差异也仅为万分之一。尽管图像展示的是清晰且确定的结果，但我们为了去掉宇宙间的噪声及尘埃的影响，的确进行过大量处理。所以，在呈现出的明显图样中，总有某些地方存在人为因素干扰。不过，这些图像带来的线索很棒，给出了宇宙所处状态的合理景象。

背景辐射图中的变化提示，早期宇宙在组成上存在差异。这样的差异虽然微小但却成为了早期星系的种子。通过使用间接的方法，我们能估算出暗物质与所观测到的常规物质的比例，大约为 26∶5。再次，我们得到了暗物质超过常规物质五倍以上的结论。

大量暗物质的存在非常重要——若非它们的存在，宇宙间的早期元素很难形成恒星与星系，至少在时间上会晚上许多。客观分析，常规物质发射出的射线流撞击物质后会形成高能原子，使原子具有飞离彼此的自然趋势。但如仅有常规物质，其产出的万有引力将不足以克服这样的飞离趋势。暗物质不仅在量上多于常规物质，且不受光的影响（由于不受电磁辐射作用），从而帮助星系形成。

暗之候选者

如第 2 章提及的，暗物质也有可能不存在，我们归结于暗物质上的效应也许能归结于引力作用在星系与星系群这样尺度上发生的变异。可以像多数天文学家奉行的，先假设暗物质存在，随后思考我们在研究的到底是什么。对这一问题的简单答案是，"我们不知道"。我们从未见过任何暗物质，也从未与任何暗物质发生过直接互动，哪怕是其中的一个粒子。正在进行的实验，有许多都在这方面努力。尽管暗物质很难与物质发生相互作用，但我们仍对其抱有期望，但愿它能与常规物质具有微弱的相互作用。然而，迄今为止的所有尝试均无发现。根据大尺度上以万有引力呈现的相互作用，我们对暗物质的行为已知道了不少，但仍无法肯定其到底为何物。

近几年，最受认可的理论认为，暗物质由 WIMPs（弱相互作用大质量粒子）构成。在构造常规物质的主要粒子方面，我们已经知道了许多，这些粒子构成了我们粒子物理学的标准模型。但 WIMPs 完全不同，它们既非光子或希格斯玻色子那样的玻色子，也非电子或夸克那样的费米子。它们是某类俨然不同的东西，在当前的标准模型中并不存在。如果 WIMPs 的实际存在能得到确证，那么，我们或许需要承认我们的模型未将其囊括入内，或许需要重新构建一个全新的模型。

最初，有人尝试将 WIMPs 纳入标准模型并修正模型使其适用，因为这样的做法可起到简化作用。比如，说人提出，我们所认为的 WIMPs 或许就是中微子。中微子是我们了解较深入的一类常规物质。中微子不带电荷，与常规物质发生很弱的交互作用。看上去，它们是合理的暗物质候选对象。

将中微子作为候选对象这一观点，初期就面临了一个难题。长期以来，人们认为中微子为无质量粒子。人们提出暗物质的主要目的是为宇宙增加额外的质量，以解释星系及星系群的行为。那么，一个无质量的粒子成为候选对象，显然矛盾。后来一段时间，中微子被证实确有微小的质量。遗憾的是，矛盾并未解决，在面对解释暗物质对万有引力的作用时，中微子的质量实在太小。此外，中微子与常规物质之间的确具有某些可探测到的相互作用，这足以使其从候选名单中旁落。

中微子倾向于以极高的速度移动——而对于聚拢并维持星系不致离散的暗物质而言，其运动速度应相对缓慢。因此，宇宙学家更愿使用"冷暗物质"一词，此处的"冷"用以描述移动速度缓慢。温度是物质的运动能量及内部激发状态的一种度量方式，因此在冷物质中，粒子运动速度相对较慢。

引入超中性子（neutralino），可作为一个不完美的方法，让暗物质与标准模型近似关联起来，这样的方式也得到了某些物理学家的赞同。如采用超对称性方法，理论上可以有大量其他粒子加入标准模型，超中性子只是其中一员。超对称性方法要求每一个粒子有一个"超对称"的配对粒子。超中性子是一种大质量的中性粒子，与常规物质的相互作用有限，这使它成为了暗物质的一个理想候选——然而，经过数年时光追寻证据，现有实验均未检测到超对称性粒子，故今天的人们普遍认为这一理论已处于衰退期。

此外，科学家还提出了另一个模型，该模型基于一种名叫轴子的极轻但大量存在的粒子（但所有需要利用到轴子的方法都很难进行试验，因为轴子的行为与观察到的暗物质行为很不匹配）。还有一些人尝试寻找别的方法，欲应用基本的常规物质去解释暗物质已明确展现出的能力，哪怕只是其中某项能力。最终，这一方法被故意命名为 WIMPs 的反义词 MACHOs，这是对大质量致密天体（massive compact halo objects）的笨拙缩写。不幸的是，描述早期宇宙中物质如何形成的公式，并不允许产生如此大量的物质，你得时刻记住 26∶5 的比例。当然，也可能会有其他过程存在，这永远无法否定。但不管怎样，欲使 MACHOs 理论成立，则意味着我们早期的宇宙模型必须发生颠覆性改变。

尽管 MACHOs 已基本落选，但它并非 WIMPs、轴子或类似玩意儿的唯一备选。当我们提出类似 WIMPs 一类观点时，开始清晰地意识到我们提出了多么古怪的假设，假设性有多强。要保持事件的简洁性，物理学家正寻找某类单一粒子——除万有引力作用外，这一粒子不会与常规物质或其自身发生相互作用。这一类粒子不会发生在我们熟知的物质粒子间的常规相互作用，因为常规相互作用的基础是电磁力，暗物质会毫不犹豫地忽视这一力作用。必须注意，暗物质的概念纯粹地构建于"保持事物简洁性"的基础上。经验告诉我们，常规物质通常不简单，现在，我们却试图期望数量上相对更多的暗物质非常简单！

具体而言，针对常规物质的标准模型至少包含十七种不同粒子，这些粒子或多或少地受到四种基本力作用。然而，在设想暗物质这一概念时，人们认为仅有一种暗物质粒子存在且仅受引力作用，这具有强烈的假设性。坦率地讲，这似乎是一种缺乏远见的做法。今天，我们正在研究暗物质是否具有常规物质一样的复杂构成模式，一些研究已初见成效。

线索非常古怪，就像窗帘被撩到一侧，突然揭示出的惊心动魄的那部分内容产生了巨大意义。一些科学家坚持，常规物质应是物质的主角，暗物质只是配角且地位较低。物理学家丽莎·蓝道尔（Lisa

Randall）将他们称作"常规物质沙文主义者"。当然，我们并无理由要求暗物质的粒子构成模式应与常规物质世界的模式相对应——暗物质粒子可以更少，也可以更多。或许，暗物质并非完全由有形物质构成，这非常有可能。

如果你不介意我的上述观点，我想说，为什么我们必须假设暗物质只能是物质？在常规的、非暗物质世界中，我们已将广泛范畴内的素材纳入考虑，为何不能将相同方法应用于暗素材？举例，如我们在宇宙中找到了反物质，反暗物质也完全有被找到的可能。或许，还有更有趣的事，比如，是否存在光的暗物质等价物。暗光的概念需要脑袋拐个弯才能明白，如果我们用"暗辐射"替代"暗光"，你的理解或许变得容易。正如常规物质能释放出电磁场一样，暗物质也能释放出其自有形式的辐射，只是暗辐射不能被常规物质构成的仪器检测。

在常规世界中，电磁辐射不仅是光的本质，也是电磁力的载体。在暗世界中，暗力量也许由暗辐射或其他什么方式承载，至少我们没理由否认它的存在。也许，它与常规世界中的力量相对应，又或者截然不同。这些力量若存在，则意味着除引力外，某些暗物质粒子可能以其他方式发生相互作用，只是这样的情形无法用简单的单粒子模型来描述。此假设也许不适用于所有暗物质粒子，因为一旦发生上述水准的相互作用，我们现有的那些间接手段应能检测到这样的作用。事实上，即使我们的常规素材世界，也不是每种粒子都会响应全部的四种基本力——同样的情况也很可能存在于暗素材世界。

将上述景象推至极致，围绕暗恒星公转的暗行星不能被否定（当然，暗宇宙并不"黑暗"，只是充满了暗辐射）。我们甚至还能作更深的推测，假设暗宇宙中存在暗生命。科幻作品经常玩弄类似观点，即虚构类似"平行维度"一类的东西，存在不同的宇宙与我们的宇宙共存却无法相互接触。一个在暗行星上存在暗生命的暗宇宙，正好可为这样的第二宇宙提供基础理论。这样的第二宇宙与我们的宇宙混在一起，却不能相互作用。如此，科幻作品将不再需要平行维度的虚构。

这样的推测是不是大开脑洞？或许是吧！上述有关暗物质的特征描述并无证据支撑。我们将在第 7 章读到，在我们的宇宙中，生命的出现并不容易。如果暗行星真实存在，那么，在暗行星上也可能存在与我们的宇宙相同的问题。暗宇宙由超过一种类型的粒子构成，似乎确有一些征兆，且未违背我们观察所得的结果。似乎，暗物质就存在于那里。现在，还有一些令人好奇的证据显示，暗物质可能具有一定程度的自身相互作用。仅从概率上讲，暗物质或许还有更多的自身相互作用，这也是暗物质引人入胜的方面之一。然而，令人惊讶的是，在我写作之时，上述内容很少被人提及。

宇宙相对论 质量效应

现在，我们形成了针对所有素材（物质、暗物质、反物质及可能存在的反暗物质）的印象。再给宇宙加上光，以及我们无法真正用物质进行描述的其他方面的素材。素材有两个重要要素——何物构成，具有何种行为。我很早就开始频繁使用度量物质行为的关键指标之一——质量，但我并未解释质量如何描述，因为质量是个容易与重量混淆的概念。严格来讲，质量单位不适用于重量，但人们仍经常使用质量单位衡量重量，这让事情变得糟糕。质量告诉我们，某一类特定素材出现的量是多少，并描述了该素材在惯性条件和重力条件下将呈现的行为。重量描述的则是，某素材处于某特定引力场内时因质量而产生的力作用。

举例来说，我的质量大约为 80 千克。无论我在月球上还是飘浮于太空，质量均不变。严格来说，在地球上，我的重量大约为 785 牛顿，它是我受到的朝向地心的引力引起。重量等于我的质量乘以地表重力加速度所得的积，地表的重力加速度大约为 9.81 米/秒^2（m/s^2）。换句话说，某样物体下落时，下落速度会每秒递增 9.81 米/秒。由于此加速度在地球各处均大致相同（加速度会随海拔高度而改变，但变化极小），我一般会忽略它，简单认为自己的重量为 80 千克。事实上，这具有误导性，因为重量完全依赖于引力参照系。

我前往月球，由于身体中物质的量未改变，我的质量保持不变。但在月球表面，由引力产生的加速度近似 $1.6m/s^2$——约为地表重力加速度的 1/6。因此，在月球上，我称得的重量大约为 128 牛顿。若按照我们在地表上的误导性方法（直接将重量除以地表加速度），我在月球上的质量将变为 13 千克。在牛顿撰写他的关于力学与万有引力的巨著《原理》（*Principia*）的时代，重量是唯一广泛使用的度量。令人惊讶的是，即便采用当时的技术，牛顿也领悟到物体的重量可发生改变。

在牛顿时代，像爱德蒙·哈雷（Edmond Halley）这样的天文学家总奔波于全球各地，去不同的地方观测夜空。在进行这一工作时，他们发现钟摆（自克里斯蒂安·惠更斯在 1656 年发明摆钟后，钟摆开始变得常见）的运动速率存在轻微的改变，提示钟摆的重量会随地点变化而变化。在牛顿进行的有关万有引力的工作中，他需要有一个不随地点改变而发生变化的指标来衡量物质的量。因此，他设计了一个在当时看来完全崭新的概念——质量。在《原理》中，他写道：

> 物质的量是密度与体积的乘积，是对物质的一种度量……在下文中，我采用"物体"或"质量"来代表这一数量，它可由物体的重量计算得出。通过钟摆进行精确的实验，我发现其与重量成正比。

如上述，在两种不同的条件下，物体的质量均能发挥作用。故从原理上讲，质量会有两个独立的值——第一个质量决定了物体在引力场下的行为，第二个质量是物体的惯性质量。惯性质量决定了物体以特定加速度进行运动时需要被施加的力。巧合的是，这两个质量具有相同的值。因此，为了方便，我们只考虑物体的质量，不关心这一质量是指重力质量或是惯性质量。但在原理上，这两个质量可以不同，这使物理学变得复杂。

相宇 修正单位
对宙
论

相较于阐明光速，为质量定义一个特定的单位是一件更复杂的事情。人们采用的传统方法是制造一个标准品去定义质量。在公制单位中，这个用于科学的标准品是一个铂铱合金的圆柱体，用于定义 1 千克。理论上，其他所有物体都应与其比较以得出质量。1879 年，共有40 个这样的铂铱合金千克度量标准品复本在法国被生产出来。

当局限于某一地域时，这一类标准尚可采行；若想应用于全球范围，这样的标准则难以达到均一水准。比如，至写作本章时，法国与澳大利亚所拥有的质量标准件仍具有细微的差异。一些人指出，1 千克法国奶酪比 1 千克澳大利亚咸味酱轻大约 0.1×10^6 克。

铂铱合金千克标准件向我们完美阐释了基于实体物体构筑度量单位的难处。每次触摸它，人们都担心其操作会令表面出现微量损失，使质量减少。或者，换个角度，即使是相对惰性的合金，也可能与空气发生某种反应生成某种沉积物，使质量增加。此外，官方的清洁规程也有问题，早期的规程规定此圆柱体应采用麂皮作清洁。遗憾的是，正宗麂皮已无法再通过合法途径获得，因为动物麂已成为了濒危物种。

现在，有一项正处于进行中的工作，其目的是将当前所有基于实体物体的度量单位替换为以特定且不发生改变的天然数目进行表征，比如一定中子数目（仅作举例）的质量。但目前，我们仍有赖于那些金属块。在替代金属圆柱的方法中，最著名的当属国际阿伏伽德罗计划（International Avogadro Project）。这一计划使用了一对圆球定义千克，圆球由单一硅-28 同位素构成。由于这两只圆球由单一同位素构成且具有高度均一的晶体结构，故能计算出球内的原子数目，基于此可建立起千克这一单位与基础的自然数量间的联系。

然而，尽管这一方法概念简单，但要确保打造出完美硅球体却不容易。同时，这一想法很快被另一个即将到来的标准取代，此标准采用了一种名为瓦特天平（watt balance）的方法。瓦特天平使用电磁铁产生的斥力平衡引力作用产生的重力。通过一些精密的量子设备对电磁铁消耗的能量作精确测定（斥力与重力的平衡最终将用两项高深晦涩的量子现象衡量，即约瑟夫森效应及量子霍尔效应），将质量关联到一个已得到广泛使用且经过测量的普适常数上。

这一普适常数即普朗克常数，它更为常见的是用于表示某光子的能量与频率的比值。在定义千克这一单位时，使用瓦特天平或许并非最佳方式，但欲将某一度量与宇宙本质建立起清楚联系，此方法似乎恰好坚守了我们的美好期望。

宇宙相对论 重光

对于一些类型的素材而言，质量或许无足轻重，比如光（光子没有质量）。思考以下情况，移动一个充满光的盒子会比移动一个空盒子更费劲？难以想象。在与极小值打交道时，人们很容易被愚弄。因此，在对待极小值问题时，我们需要引入直觉以外的东西。

在第 5 章我们将看到，运动会影响质量，质量并非绝对数量，质量遵循相对论发生变化。如果有可能使光子静止，那么，对这一光子而言，质量将没有意义——在这样的场景下，这一光子将真正没有质量。但事实上，光子总在不停运动——从实用目的出发，我们会认为这样的运动意味着它们已表现出具有质量的状态。

思考这一问题的方式之一，是采用一个我们早已见过的公式，$E = mc^2$。光中的光子具有能量，实际上，它们纯粹以能量形式而存在。我们以光的形式接受来自太阳的能量，这些能量维持着地球上的生命。我们知道，光子携带的单位能量非常小。通过这个公式，得出光子质量极微（质量等于能量除以光速的二次方），可认为不具有质量。

尽管在名义上光子不具有质量，但它仍会受到引力作用。正如我们讲述引力透镜时提过的，当一束光近距离经过某一大质量天体时，其轨迹会被弯曲而偏离直线路径，形成一条类似于轨道上的卫星轨迹（尽管这一弯曲程度很小）。当然，在地表前进的光同样会在引力作用下坠向下方。

现在，我们做一个思想实验，比较三样事物——相同高度和时刻水平地"击发一把枪""松开一枚子弹""发射一束激光"。如果地球具有完美的平坦形状，那么，三样东西与地面相遇的时刻应完全相同。但实际上，地表为弧形，光运动的速度太快，以至于在其有机会接触地表之前就已远离了弧形地表。同时，它的确在掉向地表，且掉落速度与子弹相同。

类似地，我们在惯性中也可以体会到光中的光子具有类似质量的效应。在一种被称为动量的物质属性中，我们可以看到这一效应的体现。对于某普通物质，动量等于质量乘以速率。动量衡量的是某物体具有的"活力"高低。光也具有动量，若以波的形式看待光，光的动量与频率或波长相关；若以光子形式看待光，动量与光子的能量相关。

若你用具有动量的流体撞击某物体，会在撞击处产生压力，这意味着光也能产生压力，如同气流分子能产生压力一样（尽管光产生的压力微弱许多）。同时，这也是太阳帆背后的原理。太阳帆是某种可在太空中展开至巨大面积的材料，用以收集来自太阳的光压并将其作为自己运动的动力。

人们惯常认为，一种放置于桌面上的玩具就证实了光压的存在，克鲁克斯（Crookes）辐射计。它看上去颇像一个老式的电灯泡——在一个被抽得近似真空的玻璃泡的中央位置，有个装有明轮翼的轮子，受光照射时它会旋转。

明轮翼一面为黑色，一面为白色。设计者最初设想，明轮翼黑色一面会吸收光，白色一面会反射光。显然，这意味着，在白色一面会产生净压力，使明轮翼开始向远离白面的方向旋转。遗憾的是，明轮翼的旋转方向恰好相反。实际上，真正的效应是黑色一面吸收了光，温度升高。作为结果，与黑色一面相接触的空气得到了加热——因为玻璃泡并非完全真空。如此，空气分子会更多地与黑色一面发生碰撞，黑色一面将得到更多推力，明轮翼也因此而旋转。在这个过程中，光压的强度不足以使其发生运动。

电磁作用

我们自身与物质和光发生的相互作用中，多数都涉及电磁力。作为与引力、强核力、弱核力并列的四种自然基本力之一，电磁力在我们的模型宇宙中是一个必不可少的组分。作为主动作用力，也许我们更容易辨识出引力的影响，然而，人们日常生活中经历的力却更多地与电磁力相关，远超引力。

在使用电或磁铁时，电磁力是显著的。但在其他方面，电磁力同样显著，比如，当你拿起苹果或坐在椅子上，就有电磁力在发挥作用。其实，"坚固"物体也同样处于虚无状态——若将一个原子放大至一幢建筑物的尺寸，"坚固"的原子核将膨胀至一粒豌豆那般大。尽管会有一个或更多的电子在原子核外围形成某种形式的模糊电子云，但原子的其余部分仍是虚无状态。此外，相比原子内部，原子之间还存在更多的空间。因此，当你试着坐到椅子上，最显著的结果是，你将直接穿过椅子滑跌而下。

当然，在现实中并不会发生这样的情况——椅子能支撑你的原因正是电磁力。椅子中所有带正电荷的原子核彼此互斥，使原子不会靠得太近，也使你不会穿过椅子而跌落。坐在椅子上，由于相同电荷不愿意靠得太近，所以，你会略微悬浮于椅子上。素材间的相互作用，几乎全依赖于这一类电磁作用。

当光与物质发生相互作用时，这一过程会更微妙。不过，我们所讨论的仍然是素材的电磁本质所表现出的相互作用。

对物质来说，电磁力不只有斥力。固体物质在电磁力的吸引作用下会保持聚集在一起的状态。在液体中，这一效应会微弱一些，但依然存在，它能使液体保持聚集在一起的状态。

此外，电磁力还会带来一些其他的有趣特征，比如，水分子之间的氢键的存在会使水的沸点升高。如果不存在氢键，水会在室温以下即发生沸腾，地球将不会有液态水的存在。[1]

尽管素材是日常生活的基础，但在表象之下的它们非常复杂。或许，你会认为自己只是看到了一块奶酪、一片木头或一道亮光，但素材的本质及其如何在宇宙中发挥作用却令人惊讶的复杂。当我们向模型宇宙中添加素材时，必须同时添加素材的构成部件，以及控制素材间发生复杂相互作用的力。

我们的模型宇宙仅包含空间与物质是不够的，任何相互作用都会涉及改变。我们期望宇宙间的某事物有差异，不是两个空间位置上的差异，而是在另一个完全不同维度上的不同点之间的差异。改变，需要我们将时间加入模型。

这将是充满挑战的一个步骤。如果我们不深入地思考时间，它将成

---

① 电磁力的作用广泛。例如，当我们弯曲金属弹簧时，弹簧会产生向原有形状回复的力，原子间的引力会将原子拉回原位，产生弹性。有趣的是，尽管其名字中有弹力二字，但弹力橡皮筋却并不依赖电磁弹性，这是个著名的例子。橡皮筋中的橡胶由长链分子构成，这种长链分子天然地布满了蜷缩结构。当我们拉伸橡皮筋时，分子中的蜷缩结构会有一部分发生伸展。在这一状态下，裸眼看这一固态的橡胶物品处于静态，但若将其放大至能看到橡胶分子的程度，会看见这些分子在不停地抖动。这意味着其邻近的分子在不断地撞击那些伸展开的分子，试图通过撞击使其回复原本的蜷缩结构，这会使分子缩短。因此，橡胶总在尝试对抗伸展力，但这并非分子间具有电磁引力导致的结果，而是空间中的热量带来的现象——有热量存在，意味着分子会发生抖动和碰撞。

为我们日常经历中的某一普通环节。然而，当我们尝试深入研究时间时，当我们探寻何为时间、时间如何发挥作用时，时间组件将告诉我们，"在模型宇宙中加入它，比加入素材更困难"。

4　时间

通过向玩具宇宙引入素材，我们已对空间更易理解。我们能为自己的宇宙赋予尺度，我们有能力构建参照系以在背景中定义位置，我们能构思出结构与物体。仅有空间与素材，仍不足以打造出一个处于运转状态的宇宙。运转或生效这样的概念，意味着某一事物具有发生改变的机会。如果我们想让自己的宇宙脱离冻结不变的状态，具有产生改变的可能性，恐怕还需要有时间的存在。这里，我用"恐怕"一词，是因为确有一些物理学家认为时间并不真实存在。我将在稍后讨论他们为何那样认为，此处，我先为大家落实这里提及的时间究竟是什么。

若没有物质，我们可以在时间概念缺失的情况下很好地操作我们的虚无模型宇宙，因为根本没有可供改变的东西，没有任何可以在时间序列上标记差异的东西。在这个宇宙中的时间可以没有意义，除非某一特定的刹那——宇宙出现或是消亡。有了物质，它以及它馈赠给空间的相对性为时间带来了额外价值。若所有物质仅存于宇宙且不发生改变，它们将变得没有价值，时间也不会有意义。反之，我们就需要有时间的存在——比如，我们需要确定某粒子出现的时刻。若一定需要某种背景，则是时间与变化手拉手、向前走，这一景象就构成了这样的背景。与物质不同，时间是一个不确定的、模糊的概念，它是我们一直能关注到的一个东西。然而，在尝试确定时间的本质时，我们对其进行建模的能力显现出了巨大缺陷，更别提对其进行描述了。

圣·奥古斯丁（St Augustine）是一名4世纪的主教，也是早期基督教会的最佳思想者之一，他对时间进行过恰当的论述：

什么是时间？谁能简洁明了地解释这一概念？谁能理解这一概念，哪怕只是在脑海中理解？理解之后，又能否用语言将答案表述出来？此外，在我们熟悉的日常对话中，除了时间，我们还会谈什么？当我们提及相关的术语时，当然知道自己在说些什么。当聆听别人说这样的术语时，我们也能理解。但是，时间到底是什么？假若没有人问我，我知道时间是什么。但如果需要我向某个询问者解释时间，我就不知道时间是什么了。

我们倾向于认为，有关时间的困扰仅发生于现代。在钟表出现之后，才有了盯着时间准备下班的人。在守时社会出现后，人们才提起了对时间的兴趣，也因此有了上述假设。在此之前，前工业化社会面对着的是自然与季节那样的时间尺度，故而人们对细微的时间流逝并不关注，除非是整年这样的时间尺度。这里，我发现了一件吸引人的事——1 600 年前，奥古斯丁曾说时间是一类在交谈中经常出现的事物。这样的现象在今天仍在延续。从英语这门语言的用词使用中，就能清晰地验证这一简明的真相。根据《牛津词典》，"时间"排在用词频率榜单的第55 位，也是书面英语中最常见的名词之一。

我竟然引用了一名黑暗时代的主教的话，来评论时间一类的科学术语，这看上去有些古怪。这如同向莫扎特询问电子音乐采用 MP3 压缩或无损文件格式时各自的优势一样，没有现实性。但坦率地讲，即使是最棒的现代科学家，就这一问题的发言，也不会比奥古斯丁的话具有更强的说服力。当然，你也可以有自己的预期，比如认为史蒂芬·霍金（Stephen Hawking）的《时间简史》会解释何为时间、时间如何运转。不过，你可以在《时间简史》中仔细找找时间为何物的线索，或找找时间的运转方式（我已经这样做了，所以你不必再继续）。书中的确大量描述了"我们如何观察时间""我们与物质的相互作用会如何改变观察结果"，但并未提及任何更深层次的内容。

相字 在另一维度中的旅行
对论

爱因斯坦将时间看作第四维度，这一观点为我们描绘了一幅图景。在他的狭义相对论（下章详述）中，我们并不会将空间与时间视作两个独立的实体，而是视作时空——空间与时间的整合体。那样，我们可以很容易地想到，时间与空间具有对等地位，时间只是特殊的第四维度，我们在这一维度中以标准速率移动。显然，这是赫伯特·乔治·威尔斯（H. G. Wells）构思时间的方式。在爱因斯坦之前，他在《时光机》一书（先于爱因斯坦论文 10 年出版）中就以此方式预先猜测过这点，当时的威尔斯写道：

> "显然，"时间旅行者出发了，"任何真实物体必然会在四个维度上延展。它必须有长、宽、高，以及持续存在的时间……四个维度真实存在，其中三个我们称之为空间三平面，第四个是时间。然而，我们倾向于在前三个维度与最后一个维度之间假想出一条泾渭分明的界线……"

以上描述将现实仅想作了一个四维的块，我们在这个块中以"一秒每秒"的速度移动。不过，时空显然比这一观点复杂许多。"一秒每秒"到底是什么？

有人认为，采用一种名为块宇宙的模型会使线索更清楚，在这一模型中，没有随时间发生的运动——所有的过去与现在都存在于块的内部。我们仅产生了时光流逝的幻觉。如果你认为这样的说法很疯狂，那么，请你牢记，我们并未真正感受到时间的流动。这有别于我们对某一辆从身旁驾过的汽车进行的观察——我们可以看到汽车驶近，经过身旁，扬长而去。

在时光中，我们能意识到现在。对于我们认知中发生于过去的事件，[①] 我们拥有的是记忆。我们也能想象未来可能会发生的事情，但我们真正能感受到的只有那个被称作"现在"的时刻。

有关是否存在时光流逝的争论，可以上溯到至少 2 500 年前。一个名为埃利亚（Eleatics）的古希腊学派认为，我们所认为的与时光流逝相关的事件，几乎皆为幻觉，尤其是在涉及变化与运动的情况下。不过，这一观点不会得到全部古希腊人的赞同。其他一些希腊哲学学派对此观点存有较大分歧。比如，埃利亚的对手赫拉克利特（Heraclitus）学派就坚持认为，改变方为一切事物之核心，他们的论点是，"人不能两次踏进同一条河流。"

埃利亚的观点认为，变化并不存在，其与时间的联系也不存在。支撑这一观点的最清晰的例子，当属学派中一位名叫齐诺（Zeno）的成员虚构出的一个悖论。那个名叫"箭"的悖论或许用在此处最贴切。想象一下，在空间中静静地悬浮着一支箭，一动不动，另一支从弓上射出的箭从第一支箭的身旁经过。我们仔细观察以下情形："当第二支箭正好处于第一支箭上方的时刻。如果我们对这一时刻拍一幅快照，如何说明一支箭在移动而另一支没有？"齐诺诡辩，"在那一时刻，这两支箭并无任何不同。"

就两位著名的古希腊哲学家而言，柏拉图将时间视作现在向想象中的过去与未来发生的某类虚幻延展，他的学生亚里士多德则认为时光永远与运动联系。亚里士多德认为，运动是时间存在的必要条件。"时间由运动度量，"他相信，"没有运动就没有时间。"

就现代物理学家的关注点而言，我们普遍谈及的普通意义上的"时间"有若干相关功能。概括来说，包含了三个不同方面。时间的第一个功能，坐标功能，一种特殊类型的坐标系统，像地球经纬度提供的空间

---

① 也许，你会认为自己记下了过去的确发生过的事情，但很多证据显示这一观点并不准确，记忆并不可靠。在 1901 年的一项实验中，某所大学里一个班的学生目击了一场"谋杀"。这一事件系伪造，但学生并不知情。在随后的书面报告中，"谋杀者"被安上了 18 个不同的名字，报告中的其他内容也天差地别，甚至于"谋杀者"是否离开了现场也众说纷纭。

坐标。当我们采用相对论的观点去整体看待"时空"时，时间的坐标功能最自然，尽管时空并非一定要使用坐标系统。

　　一些物理学家引用了这样一句针对时间的简明描述："时间是阻止所有事件同时发生的天然方式"。同时，他们认为美国物理学家约翰·惠勒（John Wheeler）是该描述的原创。正如惠勒常被误认作"黑洞"术语的原创者一样，他对时间的描述也非原创，只是引用，惠勒承认自己曾在某处涂鸦中看到了这一陈述。写作本书时，就我所知，此话最早出现于 1929 年的一部科幻小说《金原子里的小女孩》，由雷蒙德·金·卡明斯（Raymond King Cummings）撰写。他在书中写下了非常近似的句子，"时间就是阻止所有事件一起发生的东西。"

　　我们需要空间坐标以利用空间，用坐标定位所有占据了空间的实体。同理，我们还需要将空间呈现的景象定位于一个或多个时间坐标上。具有将已知实体定位到特定位置的能力尚不足以描述这一世界，还需要知道这些景象记录于"何时"。若没有时间坐标概念，我们无法对宇宙景象作区分。时间就像电影里的帧（每一帧代表一个时间坐标）。

　　通常情况下，你看一眼日程表就能发现空间与时间坐标的使用。你说自己将在伦敦莱斯特广场（Leicester Square）欧点影院（Odeon Cinema）与朋友碰面，几乎是废话（只有位置坐标）。同样地，如果你说自己将在 2017 年 2 月 1 日星期三晚上 7 点与那些朋友碰面，同样没意义（只有时间坐标）。这两种情况均只确定了一个坐标，而另一坐标未指明。在日程表里的事件需要同时具有位置与时间坐标，然后，你们才能会合、看电影。

　　"伦敦莱斯特广场欧点影院"这样的表述并不是严格意义上的空间坐标组，但它却是一个标签，使我们能确定某个特定的位置（如果需要，你可以找谷歌地图帮忙）。相比用经纬度表述的坐标系统，这样的标签方式更易于人们直观理解。类似地，如果我谈及某个会议将在"下周一"召开，相比详细日期，我们更易记住"星期一"。无论我们选择哪种方式区分空间或时间，都在使用相对论。"下周一"这样的表述方式正是相对于现在而进行的陈述。"2017 年 2 月 1 日星期三"这样的表述仍然隐藏了相对论的痕迹，现行日历的公元元年。

在计算机程序的编写方式中，时间坐标的相对论本质更为明晰，如临近 2000 年的"千年虫"预言。计算机程序的智能系统中，年份使用两位十进制数表示，当系统进行跨世纪日期处理时会出现错误（程序用于存储这一数字的位置有限，位置用罄后程序会对自身重置，将 2000 年 1 月 1 日重置为 1900 年 1 月 1 日），进而引发各种系统功能紊乱甚至崩溃。

关于此问题，我可以再举个简单例子，用计算机计算某人的年龄。计算机通过使用当前日期减去出生日期计算年龄。然而，托千年虫的福，有可能出现当前日期比出生日期的数值更小的情况，得出负年龄结果。这样一个预料之外的值可能导致整个系统崩溃。事实上，后来人们证实了千年虫问题并没有预期中那般可怕，但它说明了计算机基于相对论本质构建日期系统是个错误。

相宇 虚幻的时间
对论宙

对一些物理学家而言，站在时间并不存在的阵营并不奇怪，奇怪是他们并不真正相信时间不存在。他们真正的意思是，许多物理定律能独立于我们感知的时间"流动"而存在。说到这里，顺便强调一下，狭义相对论认为时间流逝的值并不绝对，它依据观察者的视角决定，我们将在后章详细论证。事实上，一些物理学家认为时间并非基本法则，但他们仍然从自己的日常生活中认识到了时间的重要性。

即使是物理学中那些不涉及时间的内容，时间也具有重要作用，只是未显得那么明显。我们可以思考一下守恒定律，以理解这个问题。在封闭系统中，某些特定的要素并不会发生改变——这只是一种描述方式，阐述了由于某环境处于完全封闭状态，故而没有任何东西可以进出。系统内的某些东西处于守恒状态，例如能量和电荷。守恒定律是重要的自然法则，缺失了这些法则科学将不复存在。事实上，时间在法则中起了重要作用（虽然不明显）——缺失了时间，守恒将成为一个毫无意义的概念。守恒意味着在不同的时间坐标上某些值始终具有一致性。如果没有时间执行坐标功能，守恒概念将不复存在。

时间的第二个功能，度量功能，对时间"距离"作度量。人们彼此询问当前时刻，类似情形会涉及众多有关时间的普通定义。此处，我们讨论的时间的第二个功能正是这些普通定义之一，"钟表测量时间。"思考存在一个满布各种实体的宇宙，某实体会在某些时间坐标上改变颜色，如红绿灯。标准的红绿灯会按顺序改变颜色。与迪斯科灯光那种混乱闪烁显著不同，红绿灯会规律地显示某种颜色并持续一定的时间，例如绿色。这一持续为绿色的时间就是两个时间坐标间的距离。

在这一场景下，时间是对某一过程的度量，是对改变前后关系的度量。就此处的时间定义，度量与时间坐标之间的关系等同于距离与空间位置之间的关系。虽然我们可以简单地认为时间是用钟表测量的某样东西，但要说出我们在进行此类测量中到底做了什么却不容易。当我们进行空间距离测量时，可以在脑海中想象自己正使用一把尺子，将目标物体的位置与尺子上的刻度进行直接比较。当我们进行时间距离测量时，通常会在某一持续时间段的开始与结束时刻检视钟表的记录，计算二者之差。然而，要可靠地完成上述过程，我们需要对以下事宜有清晰的认识——事件起始时刻钟表发出的第一声嘀嗒，以及事件结束时刻钟表发出的最后一声嘀嗒，意味着什么。

我们在测量空间时，会认为自己测量的目标清晰明确，这具有合理性。比如，我们会将尺子的一端与空间位置的起始处对齐，操作很明确。而一旦相对论真正掌控一切时，时间上的"同时"将不再是一个固化的概念。如果再牵涉空间中的运动，事件是否同时发生显然更无法得到稳定的衡量。一旦时间被建立，空间中的运动将成为添加进我们模型宇宙中的下一项素材。

  时间的第三个功能，维度功能，将时间看作一个维度。它为现实世界增加了第四维，构筑了时空。如我们所见，时空是一个引人入胜的概念，可一路追溯到赫伯特·乔治·威尔斯时代。对宇宙物理学的研究，时空也非常有用。然而，尽管在思考时我们可将时间看作第四个维度，但它却与空间维度具有显著的区别。

  想象一下，若使放映机中的胶片倒带，从末尾向开头播放，实现反转时间维度的情形。在这一情形下，我们将看到沙子向上流动，从"目的地"流沙池飞向"初始"流沙池。这样的运动不合常理——它违背了自然原理。看到这样的场景，我们知道，时间反转了。如果我们对时空中的某一块作检视，会发现空间维度不具有方向，时间维度有清晰的方向——从过去指向未来。时光向前流逝，与时光向后回溯具有显著区别。

  或许，你已经注意到上述电影放映机模型中存在一个瑕疵。若在倒放的同时，选择水平维度翻转胶片，沙漏的影像不会发生改变。如果我将放映机上下颠倒，在垂直维度上将影片反转且正序播放？尽管沙子仍一如既往地在从"初始"的流沙池流向目的地，但我们仍能感受到一些怪异的事件。这样的感觉来自人类在地球上的经历，我们会认为引力作用于沙子的方向始终朝向下方。然而，如果我们展示的是整幅图景（将地球包含在内），我们会清晰地发现，无论摄影机向上或是向下，沙子流动的情形皆不会发生改变。不过，若要使时间反转看上去自然，目前尚未找到方法。

  在各种时间、空间及二者共存的简单模型中，均可以构建起对称的情形，物理学家们经常这样做。如果我们仅观察两个相向运动的台球发生互相碰撞而后反弹彼此远离的情形，即便我们将录像逆序播放，也察觉不到区别。不过，这一特例属于作弊，因为我们并未观察到事件的全景。（这也是物理学家们在简单模型中经常遇到的问题。）

  在某种意义上，揭穿上述作弊行为很简单。我们知道，台球在球桌上滚动会受到摩擦力作用，碰撞时也会以热量散逸及碰撞声的形式损耗能量。因此，在实验过程中，台球的速度会降低，人们可以捕捉这样的速度变化以明确播放为正序还是倒序。当然，科学家们也注意到了这点。他们简单地宣称，出于本实验的目的，他们假设台球不受摩擦力作用且碰撞时无能量损耗。

然而，还有另一个问题存在，"摘樱桃谬误"。通常情况下，当实验者按自身期望对实验结果挑拣、排除与自身期望背离的结果时，摘樱桃谬误则将发生。某些时候，实验者甚至都未意识到，自己在无意中已触及了摘樱桃谬误。

我们可以看看心灵感应是否存在的实验，这是一个真实的实验。实验中，一组人会首先经历一次筛选试验，取得较佳结果的那部分人被挑选出来进入后期试验，后期试验与筛选试验完全相同。

当科学家使用筛选试验的数据时，他们已不自觉地进行了"摘樱桃"。假设心灵感应并不存在，且受试对象给出的答案仅为随机猜测。如果我们将全数据合并，结果应为无证据支持心灵感应存在。如果我们仅使用筛选试验中取得高分的候选者的数据（因为，仅有这部分对象可以进入下一步试验），结果会发生偏倚。事实上，这一情况的确发生了。

在台球实验中，摘樱桃谬误同样存在，只是不那么明显。台球并不会突然自发地在台球桌上滚动，向彼此疾奔。现实中，实验还应包括最初的步骤——向台球施加作用力使其开始运动。但在录像中，这些场景皆被剪辑去除。因此，以摘樱桃谬误的方式选择的那些场景，展示的恰是实验中那部分在时间轴上会呈现出对称性的场景。

如果我们将全过程囊括进来，就能看见台球初始时被施加推力而开始运动的时间点。这样，时间就具有了一个清晰的方向。一旦录像逆序播放，场景将给人带来扭曲感。显然，时间拥有令人难以理解的方向性，这是一种天然存在于时间坐标上的明确方向，宇宙间存在的各种事件都落在这些坐标上。

我们知道时间具有方向，但却很难明确指出时间具有方向。不仅如此，更麻烦的是，我们认为"现在"正在四维块的时间轴上以恒定的速度（符合相对论的速度）穿过时空进行移动这一概念也存在问题。这一问题的根源在于，我们采用某物体在单位时间（每秒）内于空间轴上移动的距离衡量移动。当我们考虑时间轴上的移动时，按照时间流逝的方向，我们将得到一个以一秒每秒移动的速度——而这样一个具有自指特征的单位，先不论对错，至少会让人感到不舒服。

从宇宙之外看宇宙

现在，让我们回到块宇宙的话题，将整个时空想作一个四维块。为了方便思考（四维太烧脑），我们可以先将时空想作三维结构，忽略一个空间维度，使时空仅含有两个空间维度以及一个时间维度。在真实宇宙中，我们没法研究四维块结构。因为从定义上讲，我们是这一宇宙的一分子——我们处于宇宙之中。然而，思想实验的伟大之处在于，物理学上的制约在思想实验中不是问题。

现在，我们用"上帝视角"来看一看这样的时空块（两个空间维度以及一个时间维度），从外部整体地考察这一事物。在这一宇宙中，二维空间维度就已囊括了全部空间，这一空间可以是有限的，也可以是无限的。在时间维度上，向后可回溯到大爆炸甚至更久远的另一个存在过的宇宙；向前可延伸至无尽的未来。随着时间维度一路划过，我们会见证宇宙在其所有的不同形态中的发展。

将包含太阳系的那一部分空间维度放大，沿时间维度向前，我们会看到太阳系逐渐形成，直到某一时刻（45亿年前）太阳点亮了星光。在那之后，我们可以看见地球经历了诸多变迁。然而，有一件事情我们做不到——在块宇宙中找到一个标签，标明"你在这里，这里就是现在"。注意，在块宇宙中，没有现在的概念。在时间维度上并没有哪个点具有特殊性——没有过去，没有未来，没有现在——全部的时间都展开在我们面前。

　　然而，即便是在这样的视角，时间的方向性依然存在。在块宇宙中，沿时间轴上的两个方向具有巨大差异。一些简单的物理过程提示这样的差异不应存在，这些物理过程在时间方面具有完全的对称性，无需时间具有方向性。当然，也有一些物理过程提示我们必须留意时间的方向性。缘由来自于一个简单且平凡的物理学问题，平凡得令人惊讶——热力学。热力学这一学科的灵感最初来自于提升蒸汽机效率的需求。

　　如其名，热力学这一学科建立的目的是用以描述热量从一处向另一处转移的方式。这一学科有一个关键方面非常重要，可用于阐释时间的方向性——热力学第二定律。这一定律可采用两种方式描述：其一，在一个封闭系统中，热量总是从较热的物体向较冷的物体移动；其二，在一个封闭系统中，熵保持不变或增加。

　　"熵"是衡量系统内无序状态的指标。热力学第二定律规定，无序状态的水平只能保持不变或增加。熵并非一个类似于"无序状态"的模糊指标，它具有特定的数学值。一个系统内，各种组成成分的可排列方式的数目决定了熵值。系统内，能达成相同结果的方式越多，熵及无序状态越高。举例，如果根据书名并按字母表顺序为一堆书籍进行排序且排列方式只有一种（假设我们有规则去处理一些意外事件，如两本书重名），这一系统的熵就会很低。如果我们有其他更多方式以排列书籍，如以相同字母开头的书会处于邻近位置，那么，这一系统的熵就会升高。如果有更多的完全随机方法排列书籍，这一系统的熵就会很高。

　　这一例子看上去与"热量从较热物体向较冷物体移动"相去甚远，书籍的例子似乎与温度无关。但想象一下，假如有分开的较热物体和较冷物体各一个。这一系统具有低熵，因为所有热的、快速运动的原子都处于较热物体，而冷的缓慢移动的原子都处于较冷物体。当我们使这两个物体接触时，一些快速移动的较热原子会碰撞到缓慢移动的较冷原子。热原子的移动速度将变慢，冷原子的移动速度将变快。现在，在较热物体中的部分原子已被冷却，较冷物体中的部分原子被加热。哪些原子发生了冷却或加热，对应于随机排列书籍的多种组合方式，因此熵增加了。无序状态变得严重，表现在两个物体内部的原子运动速度皆发生了改变。

相宇 将熵逆转
对宙
论

初闻热力学第二定律，下意识反应是此定律应能被推翻，因为它不切实际。至少，冰箱能将热量从内部带至外部，并将热量填塞到冰箱周围的空气中，这一过程违背了热力学第二定律。我们还有一些确凿的例子，存在于人类周围的自然世界——生物进食各种食材，将无序状态转变为构成其自身的规律的结构。即便本书，也是一种小小的证明，它是自无序中创作出的有序成果。假设，本书存在以前，有某种虚拟页面一直存在。现在，本书已将单词按唯一的、特定的方式排列起来。不同于虚拟页面中的杂乱状态，你能读懂本书，正是因为我的大脑将这些单词以这样的顺序排列。同时，这也是熵大量减少的现象。

事实上，熵减少这样的情况在热力学第二定律的约束下仍然成立，原因在于前面提过的一个限定条件——此定律在"封闭系统"中成立。在真实世界，封闭系统并不存在，所以我们从未真正见过封闭系统。在封闭系统中，除能量外，其余物质皆不可进出①。世界上可能会存在的封闭系统，也许是整个宇宙（即便是整个宇宙，我们也不能完全确定它就是封闭系统），除此之外别无他物可称封闭系统。

在我列举的例子中，冰箱从插座中获取电能，使其能克服热力学第二定律，将热量从较冷的一边抽取到较热的外部。对地球而言，这一系统不停地接收着来自太阳的大量能量——在太阳输出的能量中，每秒大约有890亿兆焦倾泻到我们的星球。没有这些能量，则不会有地球生命的存在。同理，本书的出版，将字母按顺序排列以形成你看到的单词，

---

① 根据定义，我使用了"封闭系统"一词，但在另一种定义中，这一系统也称孤立系统。封闭系统阻止物质进出，但不阻止能量。

也消耗了我大脑的能量——它总共占据了人体其他部分消耗能量的20%。此外，打字、编辑、印刷、分发等过程中的体力劳动，也都涉及了能量消耗。

还有一个问题需要注意，热力学第二定律并非绝对性描述，而是基于统计学的研究。我们可以设想一个简单的模型，由两个装满气体的封闭箱子构成，两个箱子一热一冷。若我们使这两个箱子合并为一个，且让其与整个世界隔离。可以预期，依据热力学第二定律，热量会从较热的箱子向较冷的箱子转移，合并后的箱子温度将在两个原始箱子温度区间的某个中间水平达到平衡。

我们从热量移动的角度看待这一现象是有道理的，温度衡量的是构成物质的原子或分子的平均能量。较热箱子中的原子会比较冷箱子中的原子的旋转速度更快——这也是热的内涵。一旦气体开始发生混合，一个箱子中的原子运动快而另一个箱子中的原子运动慢的现象将不复存在。我们将在两个箱子中均收获到有快有慢的原子。每一个箱子的温度都会向两个箱子原始温度区间的中间值变化直至达到大致平衡。

每一个原子的独立行为构成了这样的结果。原则上，我们正探讨的是一系列随机事件的集合。基于此，我们发现，下面这项试验结果也有可能实现——温度原本相等的两个盒子，一个变得更热，另一个变得更冷。这样的情形确有发生的可能——偶然情况下，更多的快速运动的原子进入了左侧盒子，更多的慢速运动的原子进入了右侧盒子，温度差异开始出现。

我们可以想象以下情况，每个盒子有且仅有两个气体原子。我们选择从这里开始，事件的描述会更简单一些。最初，可能两个较热的原子均位于右侧盒子，两个较冷的原子均位于左侧盒子。一段时间后，可能每个盒子里均有冷、热原子各一个。我们继续让原子再飘荡一会儿，你可能会发现，两个较热的原子都跑到了左侧盒子，两个较冷的原子都进入了右侧盒子。显然，这是随机现象堆砌出的可能结果之一。

在标准大气压下，现实中的盒子中包含的气体会含有数目巨大的原子，发生类似以上述及的原子分群的可能性极小，如同双色球连续两期开出同一组号码的概率。但在数学上，如果双色球以足够频繁的频率开奖，那样的情形并非不可见。诚然，这样的情况极度不可能，但只要重复的次数足够多，也没有绝对。对热力学第二定律而言，亦是如此。热力学第二定律并非一条绝对定律。

相对论 宇宙 骚动的字符

通过计算某系统内各项目可能发生的全部排列组合方式，我们可以得到熵的值。系统内各组成项目可能的排列组合方式越多，熵（无序状态）越高。以本书内容为例，我们借此思考。若将空格计算在内，本书（英文版）总共包含大约 500 000 字符。将这些字符进行不同方式的排列组合，其结果将是天文数字。数学上将其描述为 500 000! 或 500 000 的阶乘（500 000×499 999×499 998×499 997×…）。作简单理解，对于第 1 个字符而言，我们有 500 000 个可以放置它的位置，而一旦第 1 个字符的位置得到确定，第 2 个字符就剩下 499 999 个位置可供选择和安放，以此类推。

500 000 的阶乘无疑是个巨大的数字，我的计算器弹出一个鬼脸，报告"结果溢出"。我尝试使用了一个在线的阶乘计算器，给出了"无穷大"的结果。事实上，这并不正确——此结果应是个有限数字，只是它实在太大，甚至远超宇宙间原子数目的总和。我找到了另一个好一些的在线计算器，它采用了近似法，给出的结果为 $1.022\ 801\ 584 \times 10^{2\ 632\ 341}$，它代表 1 的后面有 2 632 341 个零。

这一数字就是我们将出现于本书中的字符及空格进行排列的所有可能方式的数目。然而，构成一本特定的、你正在阅读的这本书，字符与空格又有多少排列方式呢？1 种。事实上，"特定的、你正在阅读的这本书"只是最为严格的描述形式。比如，在我完成本书的全部写作工作后，我将上句中"500 000"的某两个"0"互换位置。字符排列方式已发生了变化，但不会有人发现，除非我自己说出来。

类似的文字排列方式还有很多种（调换字符的顺序，得到的词语并不发生改变）。但与 $1.022\,801\,584\times10^{2\,632\,341}$ 相比，这些组合方式仅是非常小的数目。故而，假若这些字符在排列时无需形成所需要的语言，其排列方式将非常多。这意味着与字符的无结构化集合相比，本书内容中的无序性非常低。实际上，只要包含具体信息，无序性就会下降。

如果本书的字符并未牢牢固定在书页上，当书掉在地上时字符会散乱开来，则能看到时间的方向性。观察此过程的录像，可以较容易地辨识出顺序。如果书变成了一堆无法理解的混乱字符，录像在正序播放；如果混乱的字符变成了一本可阅读的书，录像在逆序播放。时间的方向性会保证，事件要么保持不变，要么将具有更大的无序性的熵。

相对论字宙　时间的终点

如果我们假定宇宙是一个封闭系统且宇宙那无可逃避的未来是整体无序状态更严重，那么，宇宙终将达到一个无序性最大化的状态——只余下混乱。如果那样的情况真正发生，对时间而言，其前进与后退之间的清晰界线将不复存在。因为无论走向任何方向，均无法使熵再增加。此时，在熵这一数值上，所能发生的事件只有减少。然而，这样一种临近平衡的状态只会发生在遥遥无期的未来，对我们当前理解时间及时间的方向性没有任何帮助。

必然地，上述情况会使时间从时空的其他元素中脱颖而出。就空间的方向而言，并不存在哪一个方向会优于另一个方向——空间的方向具有均等的权重。时间维度天然地被附加了一个额外的、清楚明白的箭头，表征着"这就是事件发展的方向"。如我们之前读过的，这一方向并非一直处于明白无误的状态。例如以台球碰撞录像的中点部分为起始，正序或逆序播放的观感皆无区别。

物理学家肖恩·卡罗尔（Sean Carroll）对此辩称，此类简单过程中时间出现方向性缺失的现象暗示时间的对称性是各种事件的"天然"状态。由于我们身处的时间距离宇宙起源尚不久远（仅 138 亿年），他认为，今天的我们仍然处于低熵时代，一些状态具有欺骗性是正常的。如同我们处于地球附近时，地球会给我们带来特定的上、下方向性概念，然而这并非真实方向。

正如之前提过的摘樱桃谬误，此类简化的模型很容易被我们挑选出来。而在宇宙间发生的真实事件中，此类明显具有对称性的物理学过程并不多见。或许，此类事件更倾向于是一类特殊事件，一类数量不多的模型构建方式。宇宙中的时间受熵支配，就此而言，上述特殊事件并非隐含于时间中的某种对称性结果。

卡罗尔认为，时间的方向性会引起误导。他说："在对待过去与未来的态度上，我们并未做到完全一致，这是一种时间沙文主义。与其他沙文主义一样，在面对自然法则时，时间沙文主义同样站不住脚……将过去与未来放在不平等的立足点上，我们形成了有偏颇的解释，这种做法是错误的。我们寻求的解释应当最终不受时间影响。"但说到"解释应当最终不受时间影响"时，它自身又显现出了一种沙文主义。卡罗尔在寻找一种能适应他的特定世界观的解决方案。试想，在某个宇宙，时间的方向性将自身表现得淋漓尽致，在这样的情况下，花大力气去矫饰时间并不存在无疑是荒谬的。

卡罗尔探讨的事件或许与时间无关，他希望用宇宙学作为时间方向性来源的一种解释。正如他所指出，我们认为在大爆炸发生的那一时刻前后，原始宇宙非常简单，几乎不存在任何结构，也几乎全然有序。

正如熵经常表现出的情形，上述观点也并非绝对。在我们目前列举的例子中（例如较热与较冷的物体，以及本书中的字母排序），结构的缺失会带来无序化，而非有序化。当较热物体与较冷物体接触时，结构化与有序化程度降低，熵随之增加。然而，最原初的宇宙被假定处于一种非常规状态，其间的成分没有任何区别，因此无序化这一概念在这片混沌中没有意义。那时的宇宙类似于一本只含有同一个字母的书。

早期宇宙为何会具有如此低熵的状态？我们不知道。尽管一些模型模拟结果提示，这可能是由于大爆炸前的宇宙经历过一次剧变，彻底清除了既往的无序性与复杂性，只留下了风平浪静且特征全无的大爆炸前宇宙。如此，早期宇宙低熵状态结合热力学第二定律，出现时间的方向性则成为了必然。也正是这些因素，间接地使太阳系及其行星、生命，以及人类最终得以形成。

卡罗尔在寻找一种与时间无关的解决方案，但并不是所有科学家都认同。另一位杰出的物理学家李·斯莫林（Lee Smolin）认为，物理学家有撇开时间的倾向，是因为人都有想回归绝对的冲动，即便研究相对论的科学家。斯莫林指出，我们最珍视的那些概念通常超脱于时间（如真理、爱），这是人类的传统，倾向于绝对性。虽然我们正逐渐去除绝对性，对相对论的理解也越来越透彻，但科学家渴望回避相对论的心理的确存在。这些科学家普遍主张，物理现象的发生应当不受时间影响。

在一定程度上，物理学家的这一需求是为了得到便利。比如，物理学家不希望物理定律随时间而改变，否则，他们的职业将变得举步维艰。然而，斯莫林认为，将时间认作真实存在是合理的。他将一系列称为"现在"的时刻设想为真实存在。在他的设想中，过去为非真，但会对现在产生影响，因为我们可以检视并分析过去产生的数据；未来并不存在，因为未来是开放的，一切皆有可能，无法进行完全的预测。斯莫林说，"自然法则并非与时间无关，它们代表着'现在'的特征且会发生演变。"

斯莫林认为，一些物理学家希望撇开时间，部分原因当归结于我们使用的数学结构。例如，数字与曲线和时间无关，而数学能预测并拟合实际宇宙。我们对数学的这一能力越熟悉，就越容易遭到愚弄：我们会倾向于认为宇宙的运转也与时间无关。斯莫林评论道："我们梦想超凡脱俗，然而，这一梦想的核心具有致命缺陷。这一缺陷表现在，我们采用了永恒去解释时间的有限性。因为，我们无法亲身接触到想象中的永恒世界，所以我们迟早会发现，我们只是在捏造这样一个世界。"当我们谈及运动时，会再次回到斯莫林的观点，时间的存在将变得至关重要。

主观的时间

有一个正确得毋庸置疑的观点，即人类所体验的时间具有纯粹的相对性。简单经验告诉我们，主观性的时间具有明显的弹性——既可度日如年，也可岁月如梭。爱因斯坦有一条"臭名昭著"的论述，声称已针对时间的主观性本质进行过实验。我在这一领域中频繁看到他的"论文"被引用，仿佛它是一篇真正的学术论文。刊登该文的出版物是《热学科学与技术杂志》，刊名首字母缩写"JEST"似乎就预示着玩笑。

爱因斯坦这一实验由他本人构思，在无声电影明星波莱特·戈达德（Paulette Goddard）的帮助下完成，二人因共同的朋友查理·卓别林（Charlie Chaplin）相识。在摘要中，爱因斯坦总结了他的"实验"——"一个男人与美女对坐 1 小时，会觉得似乎只过了 1 分钟；如果让他坐在热火炉上 1 分钟，会觉得仿佛过了不止 1 小时。这就是相对论。"

尽管我们能通过训练进行相对精确的计秒，但对时间流逝的主观感受仍很难避免。从这一意义上看，我们感受到的时间流逝速率是一种强有力的相对现象。

不过，时间的相对性本质远不止体现在我们的内在体验上。此处所言的"相对性"并不是我们经常在科学意义上称谓的相对性。在艾萨克·牛顿看来，从科学观点出发，相对性的时间仅是生成测量单位的一种手段。在牛顿的巨著《原理》一书中，他写道：

从时间的自身定义，该定义的含义，以及定义的时间的本质等角度出发，当没有任何外在事件作参照时，绝对的、真实的、数学定义上的时间始终在均匀地流动，时间还可以用另一个名称来称呼，时长。相对的、表象的和普通意义上的时间，是对时长进行的任何可感知的、有具体表现的（精确或不精确）度量；这样的度量（例如一小时、一天、一月、一年）常被用来代替真正的时间。

然而，此观点从一开始就遭到了质疑。牛顿的对手戈特弗里德·威廉·莱布尼兹（Gottfried Wilhelm Leibniz）指出，上帝在创造宇宙的同时创造了相对时间；按牛顿观点，应存在某一孤立于宇宙且处于宇宙外部的绝对时间参照物，与其相参照时，所有事件均具有某一特定时刻的起点，但这样的看法并不具有合理性。因此，相对性时间应当是完整的时间定义。

另一方面，在牛顿看来，时间与空间具有绝对性。相对性来自我们进行测量的过程，例如追踪某些运动物体的位置，无论这一物体是天空中的太阳或是时钟里的指针。爱因斯坦用牛顿的观点作推论会得出一些错误的结论，而相对论可以解决这些问题。爱因斯坦的狭义相对论告诉我们，通过客观物理实验观察到的时间不支持时间的绝对性。由于人们观察位置的不同，时间流逝可能会或快或慢，这涉及了狭义相对论。

在我们接触狭义相对论之前，还需要给模型宇宙加入另一个组件。随着物质、空间以及时间组装完毕，在构造以相对论为基础的宇宙的进程上，我们可以迈出下一步了。因为一旦我们拥有了上述组件，运动就具有了可能。

5　运动

我们生活在一个运动的宇宙。在基本粒子层面，没有任何事物处于静止状态。就运动而言，唯一明显的绝对性只存在于温度为绝对零度的状态，此温度意味着所有运动均将停止，然而这一温度却无法企及。

运动受相对论掌控，一个例外却容易给我们带来假象。由于地球太大且距离我们太近，地球让人们无可忽视，故而它为我们提供了一个似乎具有绝对性且静止的参照系，使我们误解相对运动，时至今日依然如此。当某人说他在运动或处于静止时，大概率是在描述自己相对于地球的运动状态。

不过，我们日常生活中的感受也可以佐证相对论的作用。我们知道，两辆相对运动的汽车的相对速率会高于任一辆汽车的个体速率，在发生碰撞时速率为二者的速率和。我们知道，如果我们与伙伴以同样的速度并排同向跑步，我们之间不会发生相对运动。因为在这些情形中，地球这一参照系并未发挥作用，起作用的是我们自己的参照系。这就是我们在前面描述伽利略泛舟皮耶迪卢科湖时展现的伽利略相对论，那是人类科学史上第一次伟大的相对论观察，它诞生了现代物理学。

想一想，你目前阅读本书时的状态，是静止状态还是运动状态？也许，你正坐在家中的沙发上，那意味着你处于静止状态；也许，你正在火车上或是飞机里，那意味着你处于运动状态。不过，这样的描述只是地球再次愚弄我们的结果，因为地球将独一无二的参照系强加给了我们。当你认为自己处于静止状态时，实际上正随着地球的自转而转动，还随着地球的公转绕太阳运动，更是随着太阳系一起绕银河系运动。现实中，你的速度并非某一固定值，它取决于你为自己的运动选择的参照系。

是地球绕着太阳转，还是太阳绕着地球转？按古老观察者的角度，显然是太阳绕着地球转。一般情况下，将太阳在天空中进行的日常运动认作是地球自转所引起的结果会更方便。但你得记住，这一"正确的"解释仅只能简化计算工作，这一结果引入了脱离地表的参照系。从纯粹的运动定义出发，认为地表是静止的，宇宙（包括太阳）以天为单位转动仍然具有合理性。这就是真正的相对性，它取决于你观察时所选择的参照系。（话虽如此，一些旋转效应尚需更复杂的解释，后文展开。）

相对论宇宙 牛顿的水桶试验

一旦给我们的模型宇宙引入了运动，牛顿定律就会为我们带来不同的观点，让我们脱离古希腊哲学中以地球为中心的错误认知。如我们所知，在牛顿的《原理》一书中，他明确使用了绝对时间与绝对空间。在相对空间中，我们的运动通过空间中的其他实体进行衡量。尽管牛顿意识到了相对空间，但他仍然相信世界必然存在绝对的、固定的空间。绝对性的源头或许来源于他的信仰，上帝给定了绝对参照系（假如你也认同），但更大可能来源于参照物以太。针对绝对性，牛顿曾作过一次科学论证，这一论证基于物体旋转过程中所观察到的异常现象。

就证实绝对空间存在的"证据"而言，牛顿最钟爱的解释涉及一桶水的试验。这里，先看一个更简单且更个性化的方法，思考自己在转圈时会发生的情况。当我们转圈时，会感觉到眩晕（即便处于太空中的宇航员，旋转时也会感觉到眩晕，与我们在地球上并无不同。因此，我们不能抱怨是地球引力造成了这一现象，但牛顿并不知道这点）。无论其他事物是否会跟随我们一起旋转，眩晕效应均存在。那么，如果没有某一保持恒定的绝对空间坐标，这种造成我们眩晕的旋转又是相对什么参照系进行确定的呢？

公正地讲，在物理学界，这一领域尚未得到透彻理解。旋转与直线运动具有非常大的差异，旋转的突出特征是加速度。（加速度是速度发生的变化，速度由速率与方向构成。恒定的旋转牵涉到速度方向的恒定改变。）正如伽利略相对论所阐明的，我们无法从一个完全封闭的船体内部去判断船是处于静止或是匀速运动状态，不过，要判断你是否受到加速度作用却不难。在旋转的例子中，不需要其他任何事物，眩晕就会告诉你加速度的存在。

事实上，当某物体旋转时，物体外部也会有指征发生改变，如同牛顿的那一桶水。旋转水桶时，桶内的水面会在靠近桶壁处上升。将这个桶固定在伽利略的封闭船体的地板上，将船体进行旋转，桶内的水会发生相同的变化。尽管以船体为参照系时，桶仍然处于静止状态且未发生旋转，但你能观察到桶内壁处的水面升高。

有人指出，这仍然是一种相对论现象，并未反映出有某一不会发生旋转的绝对固定参照点的存在。根据 19 世纪马赫原理的观点，测量旋转时，其参照系应为整个宇宙的其余部分，假若将宇宙飞船保持不动而使整个宇宙绕其旋转，其产生的效应应等同于宇宙飞船自身以同样速度进行旋转的情况，包括眩晕效应。然而，理查德·费曼曾提过："唔，我不知道你让整个宇宙旋转起来时会发生什么，至少现目前我们对这一现象无从谈起。当前，我们也没有任何理论能描述星系对我们周围事物所产生的影响。因此，那样的说法应该来自这一理论……旋转的效应、旋转水桶中所形成的凹形水面的现象，是该物体周围的力作用的结果。"

旋转方面的问题至今尚未得到有十足把握的解释，但在研究运动时，我们可以在很大程度上忽略旋转。我们知道发生了何种事件且能利用这样的事件，但我们却不能解释这样的事件为何发生，正如我们无法解释为什么电子和质子会具有相同的电荷量。然而，上述观点并不意味着我们能避开旋转。因为宇宙间那些已形成的有形状的物体最爱做的一件事，就是自旋。也幸亏如此，若没有物体的自旋，人类将不可能出现。正是物质的自旋，让太阳系得以聚集形成，也是自旋让太阳系形成了具有行星的稳定结构，这对生命进化至关重要。

相宇
对宙
论 角动量发挥作用

几乎所有事物都在自旋，原因不明，自旋的结果是聚集。恒星、恒星系、星系团的形成，其过程均是广泛而弥散的气体与尘埃在引力作用下逐渐聚集拢合。假设物质最初仅以微小的速度旋转。然后，随着物质聚集，这一过程将产生出一种无可阻挡的效应，旋转速度会越来越快。

出现这样的情况，正是因为角动量守恒，它是自然界中重要的守恒定律之一。这一定律表明旋转物体所受到的"力作用"不变，在某一特定旋转速度下，离旋转中心越远的质点具有的角动量越大。因此，如果旋转的质点受引力作用向旋转中心掉落，它的旋转速度将增大以保持角动量不变。

我们会自然地将这一现象与花样滑冰的旋转作对比。假若滑冰者双臂平伸旋转，而后将双臂收拢，她的旋转速度会显著增加。凑巧的是，我的女儿们在小时候参加过滑冰兴趣班，我曾多次见过这一现象。不过，即便你不常去滑冰场，你也能在游乐场见到相同的现象，只要你愿意体验游乐场的某些旋转设备，如将人装在一个架子里并绕着一根杆旋转的设备。在旋转时，以杆为中心，人会被向外扬起，当人向杆那一侧移动时，人的旋转速度将显著增加。

因此，若有一大片覆盖很广的气体尘埃云在缓慢旋转，这片气体尘埃云在引力作用下正形成恒星或恒星系的构成元素，它的旋转速度会随着时间显著增加。（这样的恒星系倾向于碟状，就像一团旋转的面团最终成为一块披萨那样。因为作用于旋转平面上的各种力，并非都与旋转平面垂直。只有当物质聚集到足够多的程度时，如足以形成行星或恒星那样的程度，引力才会占主导地位使物质形成大致球状。即便形成球状，赤道部位也会略为凸起。）

到目前为止，一切都没问题。不过，最初的那点缓慢的旋转速度从何而来？在一片绝对均匀分布的、静止的球形气体尘埃云中，若旋转速度为0，整个气体尘埃云不可能发生聚集。但现实宇宙并非如此，没有特定的原理规定当初发生聚集的气体尘埃云必须是完全均匀的球体。事实上，它应当是奇形怪状的，各处密度不均的，且受到周围复杂的各种物体的影响。故而在聚集时，气体尘埃云内部某些部位的物质会稍多一些，使它在某一方向上具有稍高一些的引力。物质的不对称性意味着某些部位受到的引力会更强——使某些粒子向质点中心的运动不只有直线运动，还同时发生了侧向运动。最终结果是：初始的微弱旋转将因聚集过程而得到放大。

运动崭露头角

假设不反感相对空间与相对时间，我们去分析运动——运动是某实体在不同时间点上发生的位置改变。此时，我们会发现，某些科学家易于犯错并因此陷入李·斯莫林提出的陷阱：将隐含有时间的现实情况误解为与时间无关的数学模型。

对科学家而言，最常见的行为是将一系列读数作记录，这些数据有助于描述某物体或某实验的行为。这些数据代表的可能是某运动物体相对于地表某固定点的简单位置，或是时钟上的时间读数。我们最终会得到一系列的数据点，或得到一幅针对运动作出的图形。这样的记录纯粹是基于数学或统计学得出。因此，如果我们错误地认为这一模型（一系列数字或图形）就是现实，我们会很容易地认为时间只是真实世界的一个非必要附属品。然而，事实并非如此。运动的物体并非一组整洁的数字，也不是一条曲线，这些数字无法描述运动物体所发生的所有运动，它们提供的数据仅适用于某特定的较短时间段中的某一刹那。

如果相对运动有伊甸园，园中的那条蛇就是光。光与物质类素材有差异，正是这样的差异，让爱因斯坦在相对论领域中作出了第一项伟大贡献，狭义相对论。这一理论摒弃了牛顿设立的，以以太为代表的绝对性背景，留下了真正的相对运动。这也是时空具有可弯曲性及可延展性的缘由。引入光之后，空间、时间与物质之间必然会发生相对论转化，使牛顿的观点不再精准。

相对论的独一无二

1905 年，狭义相对论正式见诸爱因斯坦发表的一篇论文，当时的他还是瑞士伯尔尼专利局的一名职员。这篇论文的基础，来源于其他很多人成果中的一些部分，爱因斯坦将这些成果总结提炼为了一篇论著。如牛顿与牛顿的苹果一样，在爱因斯坦提出狭义相对论时，他的思想飞跃同样伴随着一个（或一系列）故事。毫无疑问，这些故事大多来自虚构，因为这些故事本身就有很多彼此矛盾的版本。

既然我们谈到了这些故事，我想选择一个自己最喜欢的故事来讲述。故事中，年轻的爱因斯坦躺在某公园的草坪上，阳光穿过了他的睫毛。他的睫毛在阳光下闪烁着光芒，他将这些光芒想作四射的阳光，倘若他能沿着这些明亮的光束骑行，会是何种景象？爱因斯坦从一位苏格兰物理学家的工作中得出了答案，这位科学家也成为了爱因斯坦生命中的巨人，詹姆斯·克拉克·麦克斯韦。

正如我们在前面读到的，在爱因斯坦提出狭义相对论数十年之前，麦克斯韦观察到，以特定速度运动的电场能产生磁场，此磁场以相同速度运动又能产生电场。假若这些场以特定速度运动，它们将实现自持，此速度就是光速。这一基于直觉的推论被后来的实验证实，它还暗含了另一提示：光必须以特定速度进行运动方能存在。

在爱因斯坦的想象中，自己飘浮于阳光光束的一侧，他明白，此时的情形就如伽利略和那把钥匙，在这一系统中的光并未运动。然而，这其中有一个致命缺陷——不发生运动，光将不复存在。因此，在爱因斯坦构思的场景中，不应有光的存在。如果光与普通物质类似，在别的物体发生运动时均可按伽利略模式用加减法计算速度，那么，环绕飘浮于爱因斯坦周围的光均将消失。只有在一个静态的宇宙，所有物体都在空间中处于不变的位置，光才会持续存在。

现实世界显然不是这样，无论什么事物发生移动，光也不会消失，上述推论一定存在某处错误。爱因斯坦决定仔细研究，如果"某处错误"是"假设光与其他事物相似，其速度会相对运动物体发生改变（光速非恒定）"，我们能从这处错误中发现什么？相反，假设光与观察者所选择的参照系无关，无论别的物体如何运动，光将始终以恒定的速度运动，这又会是什么情况？[①] 如此，光显然能存在了，这是一个良好的开端。但和所有魔鬼交易一样，要使这一情况得以存在，必须付出某种代价。

相对论之钥

回想伽利略在船上用钥匙做的实验，并把这一实验用今天的方式重现。通过这样的方式，我们能确切地明白狭义相对论是如何发生了引人瞩目的效应。我们需要一只钟，这只钟可以同时从一个移动的平台及一个固定的平台上进行观察。（相对论清楚地指明，没有任何一件事物处于真正的静止状态，但在此处，我们基于某特定观察者的视角定义了"运动"与"静止"。）现在，我们将参照伽利略的钥匙，引入一个钟，这个钟既能从船上进行观察，也能从岸上进行观察（假设岸上架设有一架高档的双筒望远镜）。

---

① 这里有一项附加条件——观察者选择的参照系不能处于加速度作用下。我们将在下一章读到，具有加速度的参照系会使问题变得复杂。

我们以伽利略向空中抛起钥匙并按常规方式进行计时作为实验的开始（为简单一些，我们会引入一个机器完成抛钥匙这一工作）。钥匙的运动能为我们提供如同时钟那样的计时功能，可以计算时间的流逝。依据钥匙发生的向上减速，继而向下加速的运动，我们能计算出伽利略实验的实际情况。然而，即便这样的数学计算知识只需要高中水平，也足够令我们头疼一阵。我们可对此做一些改变，一些伽利略未思考过的改变——将船放进太空，简化此情形。

好了，我们现在将伽利略放到"皮耶迪卢科"宇宙飞船上吧，这艘飞船正匀速地在太空中遨行。我们建造了一个特殊的设备，其功能可替代"伽利略将钥匙抛起，重力使钥匙落回的效应"。这一设备由两个部件构成，一个在地板上，一个在天花板上。钥匙从设备的底端出发，被推向上方，它会匀速向天花板运动。当钥匙抵达天花板时，相应一端的设备会以相同的速度向地板方向推动钥匙。在没有重力提供加速度的情况下，钥匙会沿其轨迹，以匀速运动。

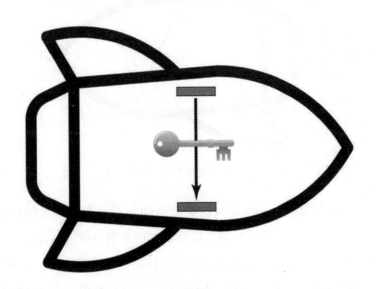

图 1　飞船内的钥匙时钟

那么，我们现在得到了一个另类的时钟。这个钟没有钟摆，也没有钟表的齿轮，它由推动器和钥匙构成。钥匙每次抵达地板或天花板，就类似于时钟的一次嘀嗒。正如伽利略预测的那样，当宇宙飞船以匀速运动时，在飞船内部无法辨识其是否处于运动状态。以飞船为参照系，只要飞船并未进行加速或减速，无论飞船的速度如何，钥匙均会持续地沿直线进行上下往复运动。时间的流逝可用我们建造在飞船内的钥匙时钟进行度量，它不受飞船运动的影响。

现在，就像从湖岸观察钥匙一样，我们也从外部观察一下这个钥匙时钟。这一次，我们从地球上（参照地球时，飞船正以匀速进行运动）用一个超级望远镜进行观察。如果飞船舱壁透明，我们观察钥匙时会发现什么？假设钥匙从顶部的推动器出发，当钥匙抵达底部的推动器时，飞船已移动离开了原位。因此，从地球观察者的视角看，钥匙并非沿直线进行上下往复运动，而是沿对角线抵达推动器。

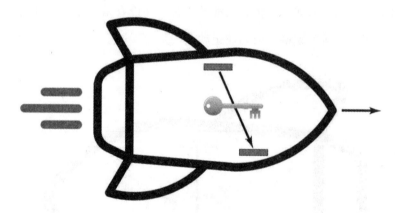

图 2　从地球上观察钥匙时钟的情况

显然，相比直线上下运动，这样的运动方式具有了更长的运动路径。那么，这一情形是否意味着，以外部参照系为参照（从地球观察者的视角）时，钥匙完成往复运动的时间增长了？并没有。现在来分析下原因。我们已知，在两个物体运动的情况下，我们会将其运动速度相加以计算二者间的相对速度。由于飞船与钥匙的运动方向成直角，相较于直接的 A+B，这一运动方式下的相加过程会涉及勾股定理。不过，无论计算的过程如何，从地球上观察到的钥匙的运动速度一定会因飞船的运动而有所增加。此处有个微妙的巧合，钥匙运动速度的增量，使其能在相应时间内完成那部分额外距离上的运动。这一"相应时间"正好是从飞船内部进行观察时，钥匙进行直线运动所耗费的时间。按伽利略相对论，无论是从"皮耶迪卢科"宇宙飞船内部，还是从地球上进行观察，飞船上的时间流逝速度相同。

光时钟

伽利略不知道的是，爱因斯坦竟然会研究光。因此，就像之前满足伽利略实验所做过的那样，为使上述场景能满足爱因斯坦实验的需求，我们需要重复这一实验，这次实验中，我们将以一束光来替代钥匙。这一时钟的建造更简单，因为我们能用镜子代替地板与天花板上的那组特殊的推动器。在飞船上以爱因斯坦的观点看，我们会发现光束以恒定周期在镜子间进行垂直上下往复运动，给我们提供时钟的功能。但地球上的观察者会观察到什么？

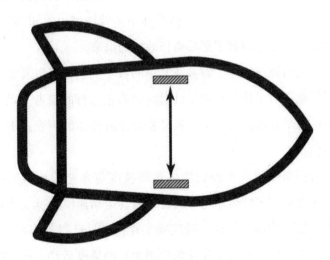

图 3　从飞船上观察到的光时钟

　　与之前一样，我们仍然需要处理好光束在地板与天花板之间的运行路径问题。随着飞船向前运动，光束会在对角线路径上抵达另一面镜子。在地球上观察时，光束行经的路径更长。但现在，我们遇到了一个与钥匙时钟具有本质差异的问题。按爱因斯坦的理论，无论我们选择的参照系如何，光速均不会发生变化。因此，我们不会将飞船的速度与光束的速度相加。从地球上观察光束时，其运动速度仍等于从飞船内观察到的运动速度。

　　爱因斯坦提出了一个方法来解决此问题。但这一方法带来了一个不那么愉快的妥协——时间流逝速度可变。从地球上观察光时钟的时间流逝速度慢于从飞船上观察到的时间流逝速度，光束需要更多的时间去行经额外增加的距离。在飞船上观察，所有事件行为都和平时完全一样；在地球上观察，飞船的时间流逝将变慢。狭义相对论告诉我们，当某事物运动时，从固定观察者的角度会发现该事物上的时间流逝速度会降低。

　　我们没必要深入研究运动影响时间与空间过程中的数学问题。事实上，爱因斯坦假设光的运动速度始终不变，涉及的数学知识仅限于基本代数与少量几何学，这与爱因斯坦那声名在外的复杂且晦涩的成果背道而驰，令人吃惊。只要是数学合格的高中生就能解决这里涉及的计算，且这一理论也清楚地解释了那些奇怪效应的由来。

　　如果你想蜻蜓点水地了解涉及其中的数学问题，可以看看本书末尾的附录，详细探讨了狭义相对论针对时间膨胀进行的思考。以光时钟为例，简单的数学计算内容展示了狭义相对论所描述的因光速不变而导致的时间扭曲。

　　计算时间膨胀效应牵涉到物体运动速度与光速的比值的平方。显然，这意味着对大多数运动物体而言，因其运动速度远低于光速，故此效应几乎不能被检测。但这一效应确实存在，且已得到多次测量证实。如果飞船以相当大（相对于光速的比例大）的速度运动，这一时光流逝减慢的效应将变得显著。我们必须认识到，从遥远的固定观察点观察到的这种发生于飞船上的现象并非视觉上的幻觉。相对地球这一参照系，飞船上的时间流速真的发生了减缓。但在飞船内部，相对飞船而言，宇航员的速度并没有我们观察到的那样快，故而时间流速完全正常。当宇航员回头看地球时，地球是运动的一方，他们会发现地球上的时光流速减慢了。

宇宙相对论 现实的时光机

　　一个著名的思想实验使这一效应的真实性得到落实。想象一下，有一对25岁的双胞胎，其中一个踏上了一段高速穿越宇宙的旅程，而另一个留在了地球。如果飞船飞行的速度足够快，在一段时间的旅行后，比如5年，双胞胎中的宇宙员以30岁的年龄回到家，他可能会发现留在地球上的双胞胎兄弟已经40岁或者50岁了，甚至已离世很久——这取决于飞船的飞行速度有多快。

　　敏锐的读者此时可能会指出该观点中存在一个问题。确实，在地球的视角，飞船的时钟速度变慢了，但在宇航员的视角，地球上的时钟速度仍然变慢了。这一效应是对称的。其实，在基础的狭义相对论中有一个附加条件，它仅适用于匀速运动的情形——不适用于具有加速度的情形。在宇航员这一案例中，飞船经历了加速——达到极高的速度远航而去，然后经历了减速并再向地球方向加速以回到地球。飞船受到引擎的力作用，使其经历了加速过程，但地球并未受到对等的力作用。正是这一情况打破了上述场景中的对称性，使宇航员所经历的5年时光比起留在地球上的人所经历的5年时光长许多。

　　这一现象表明宇航员已成为一名时光穿越者。比如，当宇航员回来时，若留在地球上的双胞胎成员已经50岁，那么宇航员就穿越到了20年后。这才是正版的时光穿越——真正的、遵循相对论的事件。幻想中的时光穿越几乎全都被描绘为绝对性现象。时光机在一个时间点上消失，并在另一个时间点上出现。但真正的时光穿越始终遵循着相对论。对时光机而言，它进入了一种与目的地具有不同时间流速的状态。因此，当时光机抵达目的地时，目的地的时刻与时光机的时刻出现了差异。但时光机从未消失，也从未重新出现，它并不是塔迪斯（TARDIS，时间与空间中的相对维度）式时光机。我们说的时光机一直可见，且在其上能观察到时光流速变慢。

相对论中，这一令人惊叹的时光穿越效应来自爱因斯坦的理论预测，但它同时也得到了广泛的实验证明。最初，科学家在环绕地球飞行的原子钟上观察了运动会如何影响原子钟上的时间，并通过该实验证实了上述情况。实验效应很微弱——但它确实存在。比如，你在 40 年间以每周一次的频率飞越大西洋，那么，你将能穿越到 0.001 秒后的未来。类似地，要使卫星导航系统正常工作，也必须将这一效应考虑进去。

构筑了全球定位系统（GPS）的卫星，实质上皆为非常精确的无线电广播发射时钟，脉冲式地发射着时间信标。你车内的接收器则从一系列的卫星时钟上拾取时间信标，依据接收到的各个时间信标之间的微小差异，计算出接收器与各卫星间的距离，进而给出接收器在地球上的位置。由于这些卫星皆在运动，它们的时钟运行较慢，故而这样的偏移必须作补偿。（引力产生的效应也会使时钟运行加快，事实上补偿的应为最终的总效应。）迄今为止，我们最好的时光机就是旅行者 1 号探测器，它在 20 世纪 70 年代发射升空，航向太阳系最遥远的深处，它已经以较高的速度航行了较长的时间，足够使其到达 1.1 秒后的未来。

不只是时间

之前，我一直聚焦在狭义相对论上阐述时间效应，是因为这一理论带来了最为奇异的效应，其奇异之处无可辩驳。然而，通过采用牛顿运动定律描述的相同方法，爱因斯坦还发现了运动带来的其他两种效应。从地球上观察，在宇宙飞船的运动方向上，还会出现长度收缩的现象（第一种效应），飞船的质量会变得更大（第二种效应）。宇宙飞船运动越快，船体长度收缩与质量变大的效应就会越明显。就我们所关注的宇宙飞船而言，其实是飞船周围的空间在沿运动方向收缩，缩短了飞船需要运动通过的距离。

仍以前面讲过的光时钟实验为例，将其中的光束与飞船运动方向的夹角由垂直变为平行，就能证实行进距离的缩短（以观察者为参照系）。这里涉及的数学问题比本书附录中的版本稍微复杂一些，但得出结论的方式并无二致。在质量改变方面，弄清楚这一问题的最简单方式是爱因斯坦从相对论中得出的方程：$E = mc^2$。以飞船为参照系，飞船处于静止状态，它并不具备动能。但对于地球上的观察者而言，飞船在运动，以地球为参照系时，飞船具有动能——能量增加则意味着质量增加。

任何物体在运动时，质量均会增加，这是相对论得出光速是极限速度的原因之一。某物体运动越快，其质量变得越大，意味着它在加速时需要消耗更多的能量。随着该物体的运动速度逼近于光速，其需要的能量将趋向于无穷大。无论我们为这一系统提供多少能量，都不足以使其超越光速极限。

要阐述狭义相对论在长度问题上的奇怪效应，最好的方式是做一项名为魔法舱室的实验。电影《神秘博士》中，塔迪斯时光机的特征令观众印象深刻，这一实验重现了该特征。塔迪斯时光机的舱室内部似乎比外部更大——尽管这一情况只会在瞬间存在。在飞机刚出现的那些日子里，飞行秀表演人员会驾驶着飞机，嗖的一声从大型舱室两侧洞开的门中一穿而过——因此出现了巡回表演（barnstorming）这个词。在我们要进行的这一实验中，还有更为古怪的地方：一架梯子也可以进行飞行表演，并且证明舱室内部可以比外部更大。

我们的实验发生在一个巨大的、两侧有门的舱室中，舱室有 10 米长。在实验开始时，舱室两侧的门开着，我们瞄准舱室，以极高速度

（接近光速）发射一架梯子，使梯子能在舱室内穿过。梯子有 13 米长，在舱室两侧的门均关闭时，舱室内部显然不足以容纳梯子。但请记住，根据狭义相对论，运动的物体会在运动方向上发生长度收缩。梯子的运动速度非常快，如果在舱室旁站着一个观察者观察梯子，梯子的长度将只有 5 米。因此，在梯子穿过舱室时，我们的观察者（非人类，需要闪电般的反应速度）能瞬间将两端的门关上，将全长的梯子关在舱室内。这样的做法没有任何问题，因为从观察者的角度看，梯子比舱室短 5 米。

在梯子撞击到舱室出口一侧的门之前，我们的操作者将门打开，梯子继续自己的飞行旅程。因此，在一个非常短的时间内，我们那 13 米长的梯子被完整地装在了这个 10 米长的舱室内。狭义相对论效应带来了这一极不寻常又必然发生的结果。然而，真正冲击我们思维的，是从另一个视角去观察这一相同事件——这一视角的观察者与梯子一起运动且速度相同。

在这一参照系中，梯子并未运动。因此，它仍然是 13 米长。从观察者的视角看，舱室在运动。因此，舱室在其运动方向上出现了长度缩短。这意味着，以运动中的观察者为参照系时，我们在想方设法地将 13 米长的梯子完整地放进视觉中不足 10 米长的舱室内。这显然办不到。现在，我们不用马上去解决这个问题，我们将在后两页对此问题作详细分析。那时，我们已然对现实物体以及相对论的本质有了认识。同时，解决这一问题还需要认识另一个思想实验。

有时候，这一思想实验也称"致命铆钉"。在这一实验的设置中，我们找到了一只甲虫，它藏在桌面底部的一个洞里，洞深 10 毫米。正当甲虫安逸地待在洞里时，一个铆钉以接近光速的速度向洞口扎了进去。铆钉完美地瞄准了这一孔洞，它的尖端进入洞中。碰巧，甲虫知道铆钉长度只有 8 毫米，它能安全地躲在洞底。（当然，我们需要先作一个假设，我们拥有某种特殊材料，能经受住这一速度下发生的撞击。真实情况中，由于速度接近光速，铆钉要么会穿透桌面，要么会自身

100

蒸发。)

　　然而，就在最后一刻，甲虫意识到它未考虑到相对论。为了方便计算，我们假设铆钉以大约 $0.87c$ 的速度运动——$0.87c$ 即为光速的 87%（这一数字有助于我们计算）。甲虫慌了，它想起来了相对论中的运动物体具有某种可改变长度的效应。谢天谢地，从固定观察者的视角来看，运动物体在运动方向上出现的是长度收缩。这意味着以甲虫为参照系时，铆钉长度只有 5 毫米，洞深的一半。但从铆钉的视角看，洞的深度在变浅。那么，甲虫到底会不会被钉住呢？

　　在甲虫被铆钉钉死之时，它仍在为这一问题纠结烦乱。现在，你思考一下，铆钉与桌面撞击之时发生在铆钉各部位的事件。你会发现，甲虫会被钉杀的原因变得豁然开朗。铆钉头接触到桌面，它因此停止了下来。然而，铆钉的钉尖部位并不知道铆钉头上发生的事件。铆钉头会向钉子传递停止的涟漪，使整个铆钉的其余部分进入停止状态，但在此之前，钉子仍以接近光速的速度继续运动。这一道涟漪传递的速度通常约等于声速。因此，在钉尖钉杀甲虫之前，"停止"涟漪缺乏足够的时间将"停止指令"传递到钉子的尖端。经过一阵小幅震颤和伸缩后，钉子终于安静地停了下来。在那个 10 毫米深的洞里，有我们那 8 毫米长的铆钉，还有洞底的甲虫尸骸。

同时的相对性

　　相对论指出，时间的流动、物体的长度以及质量皆非恒定不变的值，我们需要花一些时间来消化。然而，"同时发生的相对性"将彻底颠覆我们的世界观。同时发生意味着，在观察者视角进行观察时，两个事件发生的时刻相同。从某种意义上讲，一旦接受了运动改变时间流动的观点，"同时发生"这一概念将暴露出问题。比如，从地球和一艘宇宙飞船上进行观察时，对于两个事件是否同时发生，不同位置的观察者可能会得出不同结论。然而，在我们的认知中，宇宙间发生的事件应当具有一定的顺序，且这一顺序不受相对论的影响，要让我们摒弃这一认知并不容易。就此而言，相对论在因果关系（即一个事件导致另一个事件发生）上的影响是什么？如果有可能去改变"同时发生"，使导致 B 事件发生的 A 事件出现在 B 事件之后，困惑就出现了。

物理学家对那种能将信息传递到过去的时光机持怀疑态度，因果关系扰乱是原因之一。思考一个简单的例子——有一个无线电收发机，它能通过遥控进行关闭。假设该设备当前处于打开状态，我使用它发射一个令其自身关闭的信号，该设备收到信号后关机。如果某台能够接收自身信号的收发机出现了技术故障而未执行关机——那么，我们将得到一台复读机式的收发机，它能接收自己的信号并将其广播出去，然后经过不到 1 秒钟的时间，它自己又接收到了这一信号。

现在，我介绍一下我的时光机。它并非塔迪斯式时光机。它能做的仅是接收一个无线电信号并将其传递回 1 秒钟之前。好了，我们开始实验。我们用一台无线电收发机（收发机 A）发射一个"关机"信号。上述的复读机式收发机（收发机 B）会将其重新广播，而时光机会将该信号传递回 1 秒之前。1 秒前，原始发送关机信号的无线电收发机（收发机 A）接收到关机信号而关机。因此，在最初的关机信号发送之时，收发机 A 已处于关机状态，不会有信号被发送出来。我们终结于一个让人丧气的因果环。如果相互关联事件的顺序能按特定方式调换，我们会陷入一堆麻烦，因果关系分崩离析。

在脑海建立了这样的印象后，我们探讨为何狭义相对论会搞乱同时性。当物理学界出现一个重大观点时，提出观点的科学家通常会采用一些晦涩的例子，故而该观点很难得到大众理解。不过，在一本较早时期的有关相对论的书中，爱因斯坦曾使用过一个较好的例子，今日仍然能用——爱因斯坦雷击列车实验。

我们构思出一段长长的笔直铁轨，开始思想实验。铁轨上方有暴风雨肆虐，在相隔数公里远的两处（A、B 点），两道闪电击中了铁轨。我们希望研究两道闪电是否同时击中了铁轨，但如何确定这两项事件真正具有同时性？显然，我们不能同时身处两地以直接观察闪电击中铁轨。所以，我们需要想象在两处雷击点的中间位置（C 点）放置一个观察者。

如果我们的观察者在同一时刻观察到这两道闪电，它们就具有同时性。现在铁轨上放置一辆高速运动的列车，列车上有另一个观察者，从我们的视角来看，列车从左向右运动。在闪电出现的时刻，列车上的观察者恰好经过铁轨旁的观察者（C 点），两位观察者都在观察闪电。铁轨旁边的地面观察者看到两道闪电同时发生，但车内观察者看到的景象却并非如此。

车内观察者经过 C 点时，会先看到右侧闪电先于左侧闪电出现。原因很简单，"光速是有限的，光子从出发点运动到车内观察者的接收点需要一个时间 T，即便 T 很小。由于列车处于运动状态，T 的存在会为其带来一段向右的小位移 s，故车内观察者会先接收到从右侧传来的光。"

需要注意的是，判断两道闪电的同时性，并不依据光的接收时间，而是发出时间。针对车内观察者，光从 A、B 点运动至 C 点，距离相同、光速相同，光的传播时间应相同。依据"光的传播时间＝发出时间－接收时间"推理，右侧闪电先于左侧出现，故右侧闪电先于左侧发出。

如此，我们可以得出结论，对地面观察者而言，两道闪电同时发生；对车内观察者而言，两道闪电非同时发生，这证明了同时的相对性。

思想实验中，我们采用光而未采用其他东西（如炮弹）举例，是因为光能提供一致的度量。像点火后的炮弹之类的物体无法提供一致的度量，以运动状态的观察者视角，左侧炮弹运动速度较低，右侧炮弹运动速度较高，这会为计算带来一些小麻烦。光速的计算会令实验变得简单可行，这一实验最终提示我们，两项事件是否同时发生具有相对性。

现在，我们回顾舱室与梯子的实验。在那个思想实验中，我们让一架梯子以高速穿越一间舱室。从舱室旁边站立的观察者的视角看，梯子

THE REALITY FRAME

比舱室的长度更短，因此当梯子处于舱室内部时他能同时关闭舱室两侧的门。但从处于梯子旁并以相同速度飞行的观察者视角看，梯子比舱室的长度更长，两侧的门怎么可能同时关闭？

答案是，不能做到，也没必要这样去做。谨记，若观察者相对于事件发生环境处于静止状态，从他的角度看，两项事件可同时发生；但对处于运动状态的观察者而言，却并非如此。从舱室旁边站立的观察者的视角看，舱室两侧的门同时关闭，将梯子关在了舱室内部。从运动中的观察者视角看，发生的事件却是前方的门先关闭，在梯子前端将要碰到舱门时又打开，在梯子后端进入舱室后位于观察者后方的门才关闭。关键在于，两扇门并非同时关闭。在这一观察者看来，梯子并未被全部关进舱室内——"同时事件的相对性"踏着七彩祥云登场了。

同时事件的相对性给世界观带来了冲击。我观察到了两项同时发生的事件，可对别人而言这两项事件却并未同时发生，这是因为运动状态决定。一旦我们掌握了这一原理，我们对宇宙本质的相对性状态就有了进一步的理解。具体而言，宇宙间不存在普遍意义上的"现在"——根据两个观察者的运动状态，他们眼中的"现在"这一时间坐标上坐落的事件并不相同，故而两个观察者眼中"现在"发生的事件会出现分歧。

宇宙相对论 方程

狭义相对论的秘籍中还有最后一记绝招，它带来了科学中最著名的方程：

$$E = mc^2$$

这一公式出现在爱因斯坦于 1905 年 9 月投递的一篇短小的论文，题为《物体的惯性与其所含能量有关吗？》（*Ist die Trägheit eines Körpers von seinem Energieinhalt abhängig?*），这是他在完成原创性工作后展开的思考。这一项经典的科学思考，在总结成文字后仅略占超过一页的纸面内容。

在论文中，爱因斯坦使用了相对简单的数学知识，表述了发光物体的动能下降。他计算出动能的下降可表述为"1/2（E/c^2）v^2"，E为物体发出的光所具有的能量，c为光速，v为运动物体的速度。如我们在学校所学，爱因斯坦已知动能的下降还可以表述为"$1/2mv^2$"，推导出"E/c^2"等同于"m"（质量）。至此，爱因斯坦证明质量"$m=E/c^2$"，将其重列为"$E=mc^2$"。

在当时，这仅是一个有趣的理论问题。但爱因斯坦补充了这一问题，他认为，我们可以使用那些在能量上具有高度变异性的物体来验证该理论，比如当时刚发现的镭盐。若爱因斯坦的理论正确，则意味着辐射会将惯性从一个物体转移到另一个物体——事实上，辐射撞击物体时的确会产生压力。

爱因斯坦并未在此论文中指出，若物质中的能量可被释放出来，它将产生真正的毁灭性力量。但未过太长的时间，这一公式中暗含的线索就被人们挖掘出来，并化身为第二次世界大战的原子弹，造就了令人瞠目结舌的现实。

爱因斯坦将相对论拓展到了事物与运动的核心。相对论未涉足的地方只剩下了引力。

6 引力

前文，我们已见到了宇宙基本力中的三种；现在，我们来看看第四种——引力。引力（也称重力）的本质与素材的本质密切纠缠，依从牛顿的观点，可在讨论素材时与其他基本力并行阐述；依从 21 世纪的新观点，似乎稍晚一些独立讨论更合适。原因有二，其一，因为引力对基本的运动物理学影响甚微；其二，证明相对论是解释宇宙运行机制中必不可少的一环，引力提供了主要的落脚点。

按亚里士多德及其他古希腊哲学家的观点，引力（还有浮力）是一种绝对趋势，是元素特征的自然反映。哥白尼告诉我们，地球不是宇宙的中心，故而上述趋势变得毫无意义。然而，事实上，的确是引力保持着我们能脚踏实地生存于地球。就此问题，人类一直未给出合理的解释，直至牛顿提出引力既具有普遍性又具有相对性的观点——引力具有普遍性，是因为牛顿提出的引力在宇宙间均具有相同性质；引力具有相对性，是因为这种存在于任意两个具有质量的物体之间的力量，其大小与物体质量成正比，与物体间距离的平方成反比。

在我们的意识中，引力所处的地位有点尴尬，它似乎处于其本应具有的地位的对立面。以目前掌握的知识看，引力是四种基本力中最弱的一种。但是，若没有引力，又不会有人类的存在（没有引力，就不会形成太阳和地球；即使地球和太阳皆存在，生命在一个无重力的星球上存在也面临巨大挑战）。尽管事实如此，但从影响程度看，引力的确偏弱。强核力与弱核力是物质得以存在的必要力量，电磁力让我们能与物质及光进行相互作用。比如，电磁力不存在，我们将看不见、摸不着、吃不下，甚至不能坐任何东西。若将这三种力抽走任意一种，末日会立即降临。此外，宇航员也向我们证明，在恰当的环境下，引力是一种可有可无的多余力量——飘浮于太空也能生存。

当然，宇航员的证明也不能一概而论——"其一，没有重力，植物生长状况会变差，因为它们的根不知道该向何方集中生长，易于形成非正常结构。其二，在国际空间站上进行的一项实验显示，在接近失重的环境下鸡蛋进入孵化进程的可能性非常低。其三，没有重力，人类的生理状况会变差，表现为肌肉萎缩及脏器移位。"不过，这些问题也能通过一些其他办法解决。鉴于此，如果地球没有引力，生命也许能存在；但如缺失了其余三种基本力中的任意一种，生命存在不敢想象。

尽管引力相对不那么重要，但它在我们的感知中却是存在感最强的一种。自人类出现以来，我们大多数时间并未意识到核力的存在，依然活得滋滋有味；今天，尽管电磁力的作用已非常清楚，但在 19 世纪末之前，人们并不清楚我们能与宇宙间的各种玩意儿打交道，更不清楚背后的原理。引力不同，你每次失手掉落某样东西或是摔倒时，它都在时刻提醒着自己的存在。甚至一些人认为，已知最早的物理学实验就是人类在婴儿时期反复抛掷物品的行为。尽管这一行为的最初目的似乎只是希望激怒父母，但它也是婴儿的第一次对力（引力）的探索。

宇宙相对论 引入引力

虽然我们的模型宇宙没有引力也能运行，虽然电磁力的确能为我们架设一些结构，但却不能为我们带来引力那样的万物吸引的力量。引力能为大自然提供一种方法，以形成大尺度的结构，例如行星与恒星，以及由它们的更大集合形成的星团与星系。因此，在引力形成的产物中，引力的存在非常耀眼。它也许是最弱的力，但就其产生的直接结果而言，却是显示度最高的力。

尽管人类很早就知道引力的存在，但准确地理解引力却并不久远。甚至可以说，将引力表述为一种力，也并非看待引力的最佳方式。引力一开始就被人们作为一种力进行研究。在我们的脑海，引力以力的方式呈现是自然的。随着人类对太阳系结构了解得越来越清晰，我们对引力的洞察也越来越多。最初，引力被简单地认作一种趋势，即重的物体会尽可能地向宇宙中心运动，但文艺复兴时期的天文学为其带来了新的另类含义。

哥白尼破灭了地球是宇宙中心的神话，将其放回原本的地位，它仅是一颗围绕太阳运行的行星。开普勒坚持行星运行于椭圆轨道上。随着这些理论的提出，至伽利略时代，人们发现重力似乎还有新作用——它是保持行星在轨道上运动的机制。

尽管伽利略可能从未在比萨斜塔上进行过两个铁球同时落地的实验，但他确实在有限的范围内对引力进行了大量研究。两个铁球同时落地的实验很难测量——受限于当时的技术，这一测量几乎不能完成——所以这一故事也许只是思想实验（它出现于伽利略晚年）。事实上，伽利略的确研究了钟摆及斜面上滚动的小球在重力作用下的加速运动。在这样的情形下，引力更易受控制，也更易被测量。

亚里士多德主张较重的物体应跌落得更快，因为它包含的要求贴近宇宙中心的材料更多。在反对这一主张时，伽利略不但无需那些自比萨斜塔上掉落的物体，甚至无需进行实验。他恰到好处地用了古希腊人自己的主张来构思一项思想实验，以子之矛攻子之盾。伽利略显然注意到了古希腊科学那不切实际的本质，一次，他曾不耐烦地评论：

> 我严重怀疑亚里士多德是否用两个物体同时掉落的实验验证过自己的观点。比如，在100肘长的高度让两块石头同时掉落，其中一块石头比另一块重很多，是否会发生重的石头掉落得更快的情况？或者，在它落地时，另一块石头还未曾掉落超过10肘长的距离？

为了研究亚里士多德的预测，较重的一个球应当会掉落得更快，伽利略进行了一项思想实验。他想象有两个在重量上具有显著差异的球，两个球被一段短绳相连且同时掉落。他认为，在这样的情形下，两个小球掉落的速度应当比单独掉落时比较重的一个慢、比较轻的一个快，处于二者原速度之间——重球会向下拖较轻球使后者加速，轻球会拖拽重球使后者减速。然而，我们再思考一下这个新物体，重球和轻球被一条短绳相连，其总重量一定大于之前的任意一个球。那么，当其作为整体掉落时，应当比单独下落时重球独自掉落的速度快。显然，亚里士多德主张是个自相矛盾的结果。

尽管伽利略并未将上述思想实验付诸实践，但他对不同重量小球在斜面上受重力作用而滚动的加速度进行了测量，得出了相同的结论。随着小球质量越来越小，这一实验变得越来越困难，尤其是当某个物体轻到会明显受空气阻力作用的时候。近代，阿波罗 15 号任务中的大卫·斯科特（David Scott）在月球上的行为形象地证明了这一理论。他让一柄锤子和一片羽毛同时掉落，以比较它们的下落速度。由于月球不涉及空气阻力，羽毛不会被减速，二者同时落地，这一实验很好地证明了伽利略的观点。

相宇对论 被苹果砸中的男人

后来的牛顿继承了伽利略的哲学思想，提出了较全面的引力理论，用以处理月球及行星的运动问题，以及掉落物体的运动过程。但即使牛顿提出了上述理论，他仍然强调自己对引力的理解具有局限性。他详细预测了引力可能带来的效应，但他提到，他不会去推测引力的作用机制。

在提出这一理论的过程中，牛顿在绝对性与相对性之间的区别上纠结难决。正如我们之前读到过，牛顿认为宇宙间存在某个类似绝对空间和绝对时间那样的事物。

牛顿的故事已广为周知，我不再讲述更多的细节。但在苹果故事中，有一个情节值得我们回顾。故事中，牛顿被掉落的苹果砸中而激发了它思考引力，这通常被认为是一个虚构的故事。事实上，这一故事为虚构的可能的确较大。相对靠谱的说法来自于与牛顿同时代的文物收集者威廉·斯托克利（William Stukeley），他说，"牛顿自己曾讲述他看见了苹果掉落。"

可以确定的是，牛顿讲述这个故事的时候已经年迈，所述故事夸张的可能性的确存在。毕竟，他是在描述 60 年之前的回忆。但有时，好故事也可以是真实事件，只要在本质上描述了真理。根据斯托克利的回忆录，他在 1726 年 4 月 15 日去伦敦奥尔博公寓（Orbol's Buildings）拜访牛顿，并记录了与牛顿的谈话：

> 晚餐后，风清气暖，我们一起漫步花园，苹果树数株，仅我与牛顿饮茶树下。闲叙中有二三事，其中就谈及了苹果掉落的情形。当时，牛顿曾跟平常一样坐在苹果树下，而有关引力的想法不期而遇地浮现在他的脑海。他问自己，为何苹果总是垂直掉落至地面；正在他坐着并陷入深思的时刻，一颗苹果掉了下来。

这看上去合理多了。好科学家的标志是从平凡的所见中思考非凡，当其他人倾向于将所发生的事件当作理所当然时，他们会多问一个"为什么?"。虽然作为人类，牛顿或许有缺点，但作为科学家，他绝对是天才：

> 为什么它不会向侧方或者上方掉落？为什么它总是向地心掉落？可靠的原因是，地球在吸引苹果。地球吸引物质的合力应当来源于地心，而不是在地球的某一侧。因此，苹果会垂直掉落，或者

说向地心掉落。如果物质真的会吸引其他物质，那么，其力量大小应当与质量成正比。因此，苹果在吸引地球，地球也在吸引苹果。

牛顿将引力的相对性元素囊括了进来，即地球和苹果在彼此吸引，当牛顿有了那一正确观点后，他给这一新理论带来了飞跃，让其具有普适性，并将其带向了天穹。按斯托克利的描述：

> 有一种力（在此，我们称其为引力），会自然地在宇宙中延展。因此，牛顿开始逐渐将引力的性质应用于地球及其他天体的运动上，以考察它们的距离、大小及周期性运动。他发现，引力的特性结合天体的初始直线运动，完美解释了天体的环形路径，解释了行星为何不会相撞且不会全部一起掉落向某个中心。

无论这棵树以及它的果实是否在激发牛顿的过程中起了作用，在我们理解引力的历史中，牛顿的地位都随着其巨著《原理》的发行而变得无可动摇。

相宇对宙论 引力与轨道

在开普勒与惠更斯的工作基础上，再加上罗伯特·胡克（Robert Hooke，牛顿在皇家学会中的主要竞争对手）的一些观点，牛顿将伽利略在实验室台上研究过的那些简单运动与宇宙中行星所具有的那些似乎毫无关联的运动联系了起来。尽管牛顿得到了胡克的帮助，但在发行《原理》之前，他却从书中删去了所有来自这位同时代科学家的参考文献。我们在信件中确能知道他们有过交流，胡克至少对牛顿的理论有一处贡献——理解一个物体以轨道方式环绕另一个物体运动时发生的事情。

思考一下轨道上的卫星，如国际空间站（ISS），它绕着地球进行轨道运动。（专业地讲，卫星与地球在绕着彼此进行轨道运动，且轨道以二者共同的重心为中心——在共同重心处，各向质量相同。但由于 ISS 比地球小很多，故而这一共同重心几乎与地球的中心重合。在一个二者质量更为相当的系统中，如地月系统，这一共同重心会偏离任一物体的中心更远一些，因此在环绕它们的共同轨道运动时地球会有明显的摆动。然而，地球仍然比月球的质量大很多，因此它们共同环绕的中心仍然在地球内部，只是偏离了地球中心大约 3/4 地球半径的距离。）

我们可以将轨道运动想象成类似于我们拿着橙子伸直胳膊旋转的景象。如果你停止旋转，也就停下了橙子的前向运动，橙子会停在原处，你胳膊的末端。但在 ISS 上发生的实际情况却大为不同。ISS 受到的引力作用指向地心。在这一力量的作用下，空间站具有朝向地球的加速度，ISS 正在坠落。正是因为空间站在坠落，所以内部的宇航员才能感受到几乎为 0 的重力。

如果 ISS 没有向前运动，它将垂直坠落。事实上，在与 ISS 向地球坠落的垂直方向上，ISS 也在运动。如果我们能启动某种魔法，关闭地球的引力作用，ISS 将沿着一条与地表相切的直线飞走。因此，当两种运动合并时，ISS 能以适宜的速度向前运动，使其不会坠落到地球上。这也是我们今天知道的，卫星在地表上的特定高度，皆有某个特定速度能使其维持轨道运动。

这一联合作用就是胡克为牛顿提供的针对轨道本质的理解。在这个思考中，这一理解方式将轨道分解成了两个简单的部分——其一是前向的直线运动，其二是受两物体间的引力作用而引起的具有加速度的下坠运动。此外，在牛顿给胡克的信中，他清楚地表达了自己此前从未听说过这一假说。我们不能以此认为，牛顿不是独立思考出这一理论，但这封信证明了牛顿对胡克贡献的承认，也体现了牛顿罕见的慷慨。

胡克曾坚决地表明，在牛顿主张的引力与距离平方成反比的法则中，剽窃了自己的某些数学计算内容。"将两物体间距离增加一倍，引力降低至原先的 1/4"，胡克的确提及过。但当皇家学会研究员、建筑师克里斯托弗·雷恩（Christopher Wren）提出资助他可观的 40 先令（当时为一笔不小的资助）以证明这一法则时，胡克却拒绝了，他从未拿出过任何形式的证明。

在牛顿或者胡克认真思考平方反比法则前，这一观点也有过粗略的提及。首先提出这一观点的似乎是法国天文学家伊斯梅尔·布略（Ismael Boulliau）。这位牧师兼图书管理员是皇家学会的外籍会员，他在1645 年写了一本书。书中，布略坚称，要使开普勒阐释的椭圆形轨道具有可能性，力作用必须具有平方反比法则（尽管布略自己仍在怀疑是否有这样一种力存在）。他提出这一观点的时间，是在牛顿完成他的《原理》一书的 42 年之前。然而，用数学准确地说明平方反比法则则完全是牛顿的成果。

相宇对论宙 将引力定量

通过阅读《原理》了解牛顿如何完成引力的研究并不容易。一部分原因归咎于此书内容晦涩难懂，形成了知识壁垒；一部分原因是牛顿在多数内容阐述上涉及了几何问题，但他的核心工作却是基于微积分方法。这些研究的成果是一个经典方程，牛顿万有引力方程：

$$F = Gm_1m_2/\ r^2$$

这一方程告诉我们，作用于两物体间的引力（F）与两物体间的距离（r）平方成反比——距离增大，力量变弱。引力大小还取决于两物体各自的质量大小（m_1 与 m_2）。为了完善公式，牛顿引入了常数 G，在给定其余参数时，我们能计算出方程中待定的参数。G 值并非得自于其他运算，它是我们假设的一个通用常量，天然存在的一个数值。

习惯数学思维的人可能会指出该公式中存在一个危险——若 r 非常小，引力会非常高。随着 r 越来越接近于 0，引力将趋向于无穷大。就我们讨论的内容而言，r 度量的显然不是两个物体的表面间距。举个反例，如果 m_1 代表地球的质量，m_2 代表人的质量，r 代表地表与人之间的距离（表面间距），此种情况下的引力将趋向于无穷大且会将人压得像照片那般扁平。

通过将诸如地球这样的球体划分为小块并考察每一部分的效应，牛顿成功地指明，引力作用以质心的方式体现其效应，即仿佛所有质量均集合在物体的中心，r 应为两物体彼此的中心间距。

在牛顿测试其理论的方法中，其中一条是采用月球进行思想实验。鉴于当时可利用的信息，他对地月间的距离进行了最佳估计。他想象月球停止了轨道运动，向地球掉落的情况。通过计算加速度，他推算月球掉落的行为，直到月球抵达地表。他算出，在末世撞击发生前的一瞬，月球所受加速度与"惠更斯所观察到的事件……在巴黎纬度上用于计量秒的钟摆"所受加速度一致。

牛顿证明，那一保持月亮在轨道上运动的力量与那种使我们的东西向地面掉落的力量相同。正如他所言："保持月亮在轨道上运行的力会拖拽月球向地表掉落……我们称这种力为引力。"他想象了一个小月球在接触地表山巅的轨道上运行的情况，通过对比小月球轨道的行为与引力的效应，牛顿再次得出了类似结论。

牛顿的公式让我们知道，那些伽利略早已发现的事件符合理论预期，这也是物理定律相互关联的本质。对此，我可以列举一个例子，即两个质量不同的物体会以相同的速度掉落，或者更精确地讲，它们在重力作用下具有相同的加速度。我们将花一些时间作深入探讨，如果这其中一小部分公式让你感到困惑，请直接跳至"这是一个不错的例子……"部分，不会影响阅读。但我建议你耐心阅读，这些公式并不吓人。

牛顿第二定律为我们带来了一个极为有用的公式：

$$F = ma$$

这一公式将我们施加于物体上的力（F）与这一物体在此力作用下产生的加速度（a）联系了起来。现在，我们可以较容易地看到，不同质量的球所受到的加速作用为多少。我们从牛顿的引力公式开始，将地球和小球的质量分别标记为 $m_{地}$ 和 $m_{球}$，我们得到公式：

$$F = Gm_{地}m_{球}/r^2$$

将上面两个公式合并，得到：

$$m_{球}a = Gm_{地}m_{球}/r^2$$

简化公式，加速度为：

$$a = Gm_{地}/r^2$$

在公式中，小球的质量被约去。显然，球的质量大小并不影响加速度。再看看公式中的其他剩余项，G 为常数，$m_{地}$ 约等于常数，r 约等于常数（我们与地心的距离）。因此，小球或同等情况下的其他任何物体在地表所受的加速度具有一致性——约为 9.81 米/秒^2。

这是一个不错的例子，展示了具有相对性元素的物理学场景可表现出绝对性。公式中的一些要素促成了这一绝对性，比如，在上述场景中，一个因子不会改变（地球质量），一个因子出现了两次而被约去（小球的质量），一个因子在多数情况下人们对其进行的测量几乎相等（与地心的距离）。

115

相字 一种神秘的力量
对宙
论

一旦牛顿的研究成果充分渗入引力领域，我们对引力的理解将发生一场革命。在《原理》成书的阶段，牛顿并未尝试对引力作用的原理作解释。他在《原理》中提到了"hypotheses non fingo"，后人常译为"我不杜撰假说"。他想表达，"我不会用假说糊弄大家"。当时，牛顿注意到，引力与普通的机械力不同，前者作用于整个物体而非仅作用于物体表面。牛顿抵御住了对其机制进行猜想的欲望。

我们知道，引力的行为表现为"远距离作用"。多数情况下，远距离作用会被认为是一种错觉。比如，当我听到某人在房间里的另一侧说话时，乍一看是我的耳朵在直接接受位于远处的声音。实际情况是，发声者的声带使他附近的空气分子产生了振动，这一振动不停地在我们中间的空气分子间传递，直至距离我最近的空气分子撞击耳鼓膜产生了听觉。它看上去是远距离作用的行为，但最终被证实为局部作用，即在我们之间的介质中不断重复发生的局部振动传递，每一次作用都有赖于空气分子的直接接触。

不过，在牛顿看来，引力要将其作用从一个位置传递至另一个位置，无法依靠介质这样的形式（我们稍后会读到，有其他人尝试基于介质的概念解释引力作用）。由于引力可以在无接触的情况下实现远距离作用，故牛顿描绘的引力理论留下了大量的不解之谜。在描述引力时，有一个词语得到了频繁使用——"神秘"。牛顿使用这一词语，指向的并非今日的"神奇"含义，而是看重了它的"隐秘"含义。当时，这一词语暗含的意思具有贬义。牛顿用以描述引力作用的"吸引力"一词也引起了一些争议。

今天，在描述两个具有质量的物体因引力而彼此作用时，用"吸引力"完全合理，就像我们用这一词语描述磁铁对金属的作用（另一种在当时遭到怀疑的远距离作用力）。现在，我们习以为常地使用这一词语。但在当时，英语"吸引力"的唯一用法是用于描述某人对某人的感觉。当提到月球与地球之间的吸引力时，意为这二者彼此喜欢，这显然不是牛顿想表达的意思。

牛顿无法解释他的引力理论的背后机制，因此遭到了嘲笑，这对他而言一定是件非常让人沮丧的事。今天，科学家提出的各种数学模型虽然能较好地描述自然界行为，但仍然多数不能清楚解释背后机制，当代的人们不会过多挑剔。如果模型能作出有效预测并达成建模目的，且其构建方式也符合逻辑，我们会乐意于使用其预测的结果。牛顿的万有引力对具有质量的物体间的相互作用作出了完美预测，甚至能为 1969 年阿波罗 11 号成功在月球上着陆提供所需的理论支撑。在牛顿工作的年代，人们对科学的期望更高，希望在各种事件中，科学不仅能知其然，还能知其所以然。

古希腊人为我们遗下了对"为什么"的执着，他们的理论主要来自对事物发生的原因进行的假设。古希腊人认为，土和水构成的物体，天然地具有向宇宙中心运动的自然趋势，这种想法涉及用物质的天然性质解释人类的观察结果。较重的物质要求这样的现象发生，这也是现实中发生的现象，这一天然的性质就如同"狗撵猫"的天性。然而，牛顿以及在他之前的伽利略，其研究主要局限于对实际发生的事件进行描述，并找出这些事件的数学描述或对其构建模型，以在其他情况下可用作预测。

这是一个观念上的根本性转变，也是本书论述的核心。古希腊哲学采取了普遍主义。在一定程度上，土与水具有绝对性本质，故在没有外界因素干扰的情况下，土与水的绝对性本质一定会导向某一特定结果。根据牛顿万有引力，尽管有质量的物体仍会具有某种普遍行为，但万有引力的预测并不依赖于物体是否进行了某种特定的运动，而是将与物体有关联的力进行了定量，其方式是考察两个物体的相对距离及它们的质量。牛顿将数学模型与引力的物理效应关联起来，并用这一模型对引力效应进行了预测。牛顿的方法并未关注引力为何能够实现，也没有以此公式去证实引力具有绝对性。相反，这一方法关注了具有相对性质的测量值，考察当一系列特定环境参数限定时这些值会产出何种结果。

牛顿提出了上述基于环境变量的相对性观点，但并不是每人都能理解。因此，这一观点给牛顿招来了负面评价，要切身体会牛顿面对这些评价时的感受，你只需看看两位与他同时代的伟大的严肃思想家的反应就能明白，因为他们最初均未领会牛顿观点中涉及的道理。荷兰科学家克里斯蒂安-惠更斯是牛顿的拥趸，但他却驳斥道，"牛顿在《原理》一书中构建的引力理论，在我看来是谬论"。此外，对于这一项观念上的转变，牛顿的竞争者，微积分的共同开创者，数学家威廉·莱布尼兹未曾意识到其重要性，将其称为"倒退向神秘化的定量方法，甚至是倒退向更为糟糕、不可解释的定量方法"。

大自然的机器装置

尽管牛顿将一项有关相对性的研究引入了他的工作，但他从未接受相对论宇宙观，他的世界观具有浓重的宗教色彩。他有一个引人瞩目的大型藏书室，收藏了大约2100本书，占到了剑桥工作人员总藏书的一半以上，其中有关神学的书籍是物理学与天文学书籍总数的4倍。

虽然如此，但牛顿仍具有强大的科学精神——牛顿的学术粉丝，法国自然哲学家皮埃尔·西蒙·拉普拉斯（Pierre-Simon Laplace），就在自己的作品中清晰地表明牛顿的成果有潜力将上帝置于无关紧要的位置（其作品跨越18世纪末至19世纪初）。在牛顿的成果基础上，拉普拉斯构想出了一个纯粹的机械化宇宙。在这样的宇宙中，只要有足够的信息与智力，就能观测宇宙未来的全部时刻。拉普拉斯的构想清晰地呈现出他的现实观，上帝已无处安放。

传言，牛顿曾设法为上帝安排过一个职位，上帝能够保持宇宙稳定。有人指出，万有引力会带来一个不幸的副作用，它会使任何有限的宇宙发生坍缩。举例，想象一个有边界的球形玩具宇宙，恒星在其间均匀遍布。有一颗恒星恰好在宇宙的某一边缘，故该恒星受到的所有引力作用，均不会朝向宇宙边缘方向，此时大量的恒星将其吸引向远离边缘的方向。随着时间迁移，所有恒星将会彼此吸引靠拢，最终在宇宙的中心聚成一团，这可不是一个完美的神之造物的上佳模型。

为了克服这一问题，牛顿假设宇宙无边际。在这一假设中，任一恒星均会受到各个方向的引力作用——宇宙没有边界。牛顿提出的无限宇宙具有保持稳定的可能性。但实际上，这一模型仍然存在问题，"在这一模型中，哪怕仅有一颗恒星从其恰当的位置上发生了最轻微的偏移。随着时间流逝，最终仍能启动一场坍缩的发生"。一旦某颗恒星从恰当位置上移开，它将在某一方向上受到更大的引力，局部坍缩发生并以多米诺骨牌那样的形式扩散至全宇宙。尽管无穷大的尺度意味着宇宙终会有某部分仍处于正常状态，但绝大多数宇宙将终结于一片混乱，这样的解释让人无法接受。因此，牛顿在最初设想了或有限或无限的宇宙后，他为上帝安排了一项任务——当恒星离开恰当位置时，上帝会将其拨回正确的位置。

无论牛顿认为上帝扮演的角色是什么，他其实并不相信神灵会赞同远距离作用力的存在。牛顿从莱布尼兹和惠更斯之类的人那里受到的攻击已刺痛了他的心扉，牛顿自己也不相信远距离作用力的存在。与当时的多数人一样，牛顿认为太空中一定存在某类材料，可能是"稀薄介质"或以太，扮演着空气传播声音那样的角色，将万有引力的吸引力进行传播。以太的作用比空气的效应更难检测，但牛顿相信它一定存在。

这一理论遭遇的困难在于，当依靠介质传递力量时，推力的传递会比拉力的传递更容易。尽管科学家与数学家们会玩弄一些诸如以太旋涡之类的概念以提高"拉力"的效应，但并无一种真正令人满意的理论。随着时间流逝，在寻找引力的作用机制方面，大家未能找出任何办法，以太已被另一种基于机械的方法替代，牛顿也曾将这种方法视作一种可能性，不过他的想法更为粗糙。这一方法涉及了一种广泛冲击着各种物体的不可见粒子，"簇射粒子理论"的各样变种一直流行到 19 世纪末。威廉·汤姆森（Willian Thomson）成为了最后一位支持这一理论的物理学家。

这一理论可用如下方式阐述。想象一下，宇宙间充满了某种不可见的粒子流，它们遇到物体时会对物体施加压力。这些粒子会作用于有质量的物体，而不会彼此作用。现在想一想，如果这些粒子流撞击月球会发生何种情况。在大多数方向上，粒子会等量地撞击到月球上，其作用力彼此抵消，净效应为 0。但在地球的那一侧，月球却处于地球的簇射粒子阴影中。在这一方向上，月球接收到的粒子撞击会少得多，其结果将表现为月球受到了朝向地球方向的推力作用。

比起我给出的简单描述，这一理论显然更复杂，比如理论中认为引力大小与物体的大小有关而与质量无关。对这一变种理论，人们还提出了很多解释。但这一理论确实为我们带来了平方反比的法则，因此在尝试寻找万有引力产生吸引力的机制的解释上，这并不是一个糟糕的开头。正如我们所见，这一理论的各种变种理论延续了两百多年，直到一位年轻叛逆的德国科学家的出现，他永久地改变了我们对万有引力的看法。

宇宙相对论 等放原理

我们已经读到过爱因斯坦以及他所发展出的狭义相对论。一旦我们知道光的本质，在理解物体的运动时，这一理论将不可或缺。对许多科学家而言，通过相对论理解物体的运动已足以使他们声名鹊起。而且，在量子理论的创立中，爱因斯坦也作出了巨大贡献，这些工作让他获得了诺贝尔奖。但他的杰作仍当归属于他对牛顿的引力成果进行的更改。爱因斯坦用全新的方式看待引力，瞬间，远距离作用理论所面临的问题荡然无存。

坦率地讲，就数字而言，牛顿的方法吻合得不错。除了少数情况外，牛顿的方法都给出了正确结果。然而，它的问题在于无法从机制上进行解释，也没有人能找到办法去解决那些小问题。其中，最引人注意的是在预测水星轨道时遇到的问题——这一颗行星的运行轨道与牛顿的数学公式预测的结果并不相同。尽管爱因斯坦的出发点并不是研究《原理》或其他任何与万有引力相关的著作，但当他坐在瑞士专利局的办公桌旁时，那个偶然所得的想法偏偏带来了这一结果。

科普作家约翰·格里宾（John Gribbin）出版的一本有关广义相对论的著作《爱因斯坦的代表作》就强烈地支持一个观点："在爱因斯坦1905 年发表那篇论文之后的一至两年，狭义相对论必将问世，因为其他数位物理学家也在同样的方向上努力；然而，广义相对论（爱因斯坦向万有引力发动的突袭）是爱因斯坦的独有观点。爱因斯坦显著地领先于其他所有人，其他人或许还需要几十年才能提出这一观点。"

据爱因斯坦自己所说，有那么清晰的一瞬间，他对重力的观点开始成形：1907 年，他撞上了那个灵感迸发的时刻。他后来回忆："我坐在伯恩专利局办公室，脑子里突然蹦出了一个想法：'一个人自由下落时，他感受不到自己的体重。'我为此而震惊。这一个简单的想法深深地烙印在脑海，它驱使我去寻求一条有关万有引力的理论。"

带着这一简单的想法，爱因斯坦将万有引力从一个半相对性的概念转变为了一条真正的相对性理论。正如我们之前读到的，牛顿的相对论并没有提出一种广义程度上的力——牛顿引力随相关物体的质量及它们之间的距离而变化。然而，鉴于质量及距离这些因素，这应是一种广义上的力。爱因斯坦意识到，如同时间与空间一样，万有引力的效应并不具有绝对性，而是与观察者的参照系相关。在这一方面，它与狭义相对论有所不同，因为后者能处理的问题必须以匀速运动的参照系为参照。要解释万有引力，需要向体系中引入加速度。

爱因斯坦当年坐在专利局办公室椅子上构思出来的"想法"，如今被赋予了一个令人印象深刻的名字——"等效原理"。我为大家解释一下，希望大家能明白这个想法的重要性。仔细想想，当一个人自由下落时会发生何种情况。自由下落意味着这个人在万有引力的作用下下坠，没有别的因素阻止这一下落过程。因此，他的加速度取决于万有引力的大小。同时，这一加速过程会抵消他的体重，原因暂且不提。如果我们不考虑在他身周呼啸而过的空气，那么，此人正飘于空中。

事实上，我们早就见到过上述现象。它并不来自某位跳楼的人，而是来自另一个情况，那是1907年的爱因斯坦无法想象到的情况——它发生在国际空间站的宇航员身上。空间站的宇航员正在向地球掉落，正因如此，他们处于失重状态。他们感受不到引力的作用，他们所具有的加速度恰巧抵消了引力作用。同时，轨道运动状态意味着他们不会遭遇跳楼者那种最终撞击地面的灾难。

物体在加速运动时，其行为会违背我们的直觉，但却能通过实验得到验证。等效原理给我们带来了强大的洞察力，此原理也因此脱颖而出。一个很棒的例子可以解释这一问题——汽车中躁动的气球。它可在现实中开展，实验中，一个氦气球被悬在汽车乘客舱中间，除了牵引它的细线外，不接触其他任何东西。现在，汽车加速向前，气球会发生什么情况？

我们会下意识地认为，随着汽车加速前进，气球会向后方移动。让我们用等效原理看看该情况。我们知道，当我们向前加速运动时，会感到有另一股力量将我们向后推。根据等效原理，这一力量等效于有一个向后方牵引的引力。因为，我们的气球受到了朝向汽车尾端的引力作用。一个氦气球在受到引力作用时会发生什么？它比空气轻，它会向引力作用的反方向运动。因此，由于引力在向后方牵引汽车，当汽车加速前进时，气球会飘浮向前方——与我们常识所提供的答案相反。

自由下落会"抵消"引力，这是爱因斯坦的思考中显而易见的一部分结论。在这一结论中，爱因斯坦总结出加速与引力在作用上等价且无法区分，这让他在等效原理上实现了一次跨越。实际上，加速与引力是同一事件。一旦爱因斯坦接受了这个令人讶异的观点，他就能创建一个等效于伽利略之船的引力模型。在这艘船内部，我们无法用实验鉴定其是否处于运动状态。但在这一模型中，相对论更为广义，囊括了引力与加速。

在爱因斯坦的等效模型中，我们处于一艘没有窗户的宇宙飞船内部。我们感受到了朝向宇宙飞船尾部的力作用。这一力作用有两种来源，但根据等效原理我们无法对其区分——第一种来源可能是引力作用，我们的宇宙飞船停驻在地球上，尾端着地，我们感受到的重力将我们拉向飞船尾端；第二种来源可能是处于工作状态的引擎（足够先进的引擎，不会发出声音，也不会震动），使飞船以等效于 $1g$ 的加速度向前运动（$1g$ 的加速度就是地表重力产生的加速度）。对我们在飞船内部进行的实验而言，这二者在效应上完全一致。

诚然，这样的说法有附加条件。如上所述，我们的确有办法区分它们——在引力作用的情况下，飞船头部（离地球更远一些）与尾部所受到的重力作用有细微差距，在飞船头部进行的实验能检测到稍弱一些的引力作用，差距非常小。然而，从实验设计来看，这一瑕疵并不能说明等效原理出了问题。只需添加一个限定条件，指明在飞船同一位置无法区分这两种来源，就没问题了（飞船头部和尾部并非同一位置）。

我们在脑海里构建出这样一艘船后，就能进行一项关键实验了，它将打开通向广义相对论的大门（前提是无需提供数学公式对其建模）。我们首先假设飞船在太空中匀速运动，从这里开始我们的实验。我们设立一束激光，从飞船一侧壁照射向另一侧壁，在墙上产生一个明亮斑点。现在，我们打开引擎，产生恒定加速度。伽利略相对论（此处就是狭义相对论）不涉及加速度问题。实际上，你回想一下伽利略的封闭小船模型，会发现加速度很容易被检测到。你再想想坐在飞机上的情况，当飞机沿跑道进行加速时有何感觉，你就明白了——即便没有噪声，也没有震动，你也能感觉到你在向前加速，因为你被压到了座位中。

因此，我们能在宇宙飞船内部检测到加速度的效应，这并不令人意外。因为加速作用于飞船，所以光束将不再以直线穿过船舱，它将向飞船尾部弯曲——加速度越大，曲率也越大。诚然，以我们今天现实可达的加速度计算，这一曲率非常小，但现代仪器能捕捉到遥远墙壁上明亮斑点的偏移。这是一项思想实验，我们能在脑海里构建超出现实加速度时光束产生的明显曲率。

到目前为止，一切都平淡无奇。直到你引入等效原理时，一切皆有了变化。在爱因斯坦看来，我们无法区分自己是在进行加速运动还是受到引力作用。假若爱因斯坦这一说法正确，那么，引力场也能以完全相同的形式使光束弯曲。爱因斯坦原本可以仅简单地思考，然后提出引力作用于光的效应类似于引力作用于一颗轨道上运行的卫星的效应，这是引力理论的特殊延伸（将光囊括进来）。但爱因斯坦不仅意识到了引力场能弯曲光，还将这一想法进行了深化。你应当记得，狭义相对论已经表明，由于光具有能量因此它也具有类似于质量的属性，只是它没有像粒子那样天然具有的质量。（实际上，牛顿原理也预测了光因引力作用而发生的路径变化，但这一变化的效应小于爱因斯坦的预测。）

鉴于此，爱因斯坦进行了一次思想大飞跃。他思考着一种情况，假若光自由地在宇宙间沿直线传播，空间自身在引力效应下发生了弯曲，因此将扭曲加诸直线传播的光束。他想知道，若真存在这样的现象，意味着什么？如果有质量的物质会造成空间弯曲，结果会怎样？此时，才是这一观点真正变得有趣的时刻。因为空间的弯曲不仅能够解释光束上发生的事件，还能解释别的一些问题，例如月球如何绕地球运行。

相对论 宇宙 空间弯曲

爱因斯坦这一观点天然地完全构筑于相对论之上。纵观这一观点，月球不再是受到某种神秘的远距离作用力而脱离了其自然的直线行经过程。相反，是因为地球弯曲了月球穿过的空间，使月球的直线运动被扭曲为绕地球运动。引力弯曲了空间，或者更精确一些，质量使时空发生了弯曲，这就是我们针对引力进行的描述。

这一弯曲可能很难具象化，我们是在尝试思考同时发生于三维空间及一维时间中的扭曲。实际上，我们需要一个额外的维度才能想象时空中发生的弯曲——我们无法摆脱的三维式思维给我们构想这样的维度制造了困难。我们可以通过构思出一个二维的等效物，将第三维度作为弯曲的方向，并以此感受时空扭曲。这样的方式既有优势也有问题，典型例子是橡胶板模型。

迄今为止，对空间弯曲（例如地球使空间发生弯曲）最常见的阐释是将空间想象为一块平坦的橡胶板，周边被牢牢地固定住。这一平坦的二维空间就是我们针对真实宇宙构思出的降维模型。我们在橡胶板上画一条直线，代表一束光，或代表月球运行的直线路径。现在，我们在橡胶板上的直线旁边放上一枚非常重的保龄球。保龄球会在橡胶板上发生下陷，在橡胶板"空间"中造成扭曲。

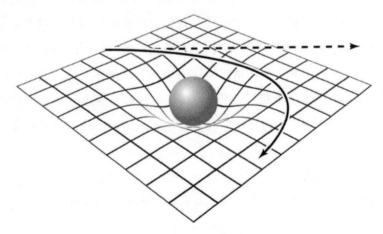

图 4 橡胶板与保龄球模型

若现在去观察保龄球附近的直线，会发现它因空间弯曲而发生了扭曲——直线变为曲线，向保龄球的那一侧发生了弯曲。质量造成空间扭曲，使直线发生了弯曲，这样的弯曲可代表光束或月球运行路径的扭曲。当然，在真实情况下的这一过程要复杂许多，因为真实弯曲并非发生于二维空间，而是三维。

糟糕之处在于此类模型的应用会带来麻烦，因为这类模型可能会被过度延展运用至相关案例的类比。当我们用橡胶板模型阐述广义相对论原理时，这一麻烦经常发生。截至目前，我们已解释了月球为何绕着地球转，但尚未解释为何苹果会从树上掉下来。在掉落之前，苹果并未处于运动状态，苹果的下落显然不仅是因为空间的弯曲。通常，我们会采用橡胶板模型，想象一个小物体静止于前述橡胶板上，以此阐述苹果掉落效应。当保龄球被放置到前述位置上时，它造成了橡胶板凹陷，小物体也会向这一凹陷处滑行。于是，我们有了掉落的苹果，看上去它是被较重的那个球吸引而来。

不幸的是，这个解释站不住脚——它只是看上去成立罢了。此处，对这一模型所做的错误延展，缘于我们已习惯了地球上各种事物的运行方式。实际上，在橡胶板宇宙模型中，我们必须用更近的距离去考察其细节。为什么物体会滑向凹陷处？是什么使它发生运动？是引力！这一情况可以发生在地球上，但要记住，我们的橡胶板模型并非只处于地球上，这一模型是整个宇宙。对一块现实中处于太空中的失重状态下的橡胶板而言，此时会发生何种情况——物体只会飘浮在原处，橡胶板上不会有凹陷，物体无从滑起。（严格地讲，若保龄球缺失了其下方的地球所产生的引力，它也不能使橡胶板发生扭曲。不过，我们通常认为扭曲效应是大质量物体的一种属性。）

我们将橡胶板模型应用于苹果事件时遇到了困难，因为我们会很自然地将橡胶板中的弯曲想作空间中的弯曲。但事实并非如此。这一弯曲其实是时空中的弯曲，时间也如空间一样发生了弯曲。当物体以静止状态出现在空间中时，其实它在时空中并非处于静止状态。这再一次说明了弯曲可造成运动的改变。采用爱因斯坦曾经的数学讲师赫尔曼·闵可夫斯基（Hermann Minkowski）设计的特殊图表，可帮助我们构想这一问题。

在爱因斯坦提出狭义相对论之后不久，闵可夫斯基就开始绘制一些图表，来帮助理解相对论的效应，帮助理解他本人就时空问题提出的概念。最初，爱因斯坦并未真正喜欢这些图表，或许是因为这些图表并非由他自己首先作出。最终，他接受了以这些图表为工具的做法，而人们也将其作为构思时空本质的有效工具。

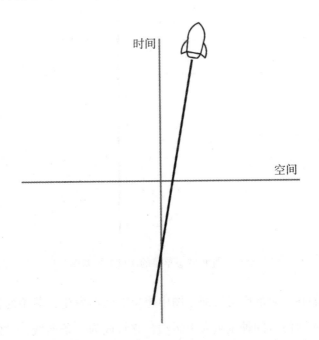

图 5　闵可夫斯基图表对运动中的宇宙飞船作图

闵可夫斯基图的最简单形式会给我们带来一幅时间轴沿页面向上、空间轴平行于页面底边的图。（就像橡胶板模型那样，我们减少了空间维度以简化图像，仅呈现了一个维度的空间。若考虑三维图，我们可以放进第二个空间维度。）依据时间关系，我们将一艘宇宙飞船的位置绘制在闵可夫斯基图上，一艘匀速运动的宇宙飞船的作图将显示为一条直线。这条直线显示了飞船在时空中的位置，被称作世界线。

如果我们为一个静止物体（比如一个苹果，我们稍后将任其在一个像地球这样大质量物体的引力场中掉落）绘制闵可夫斯基图，那么，在我们松开这个苹果之前，其世界线就仅是图中一条垂直向上的直线。

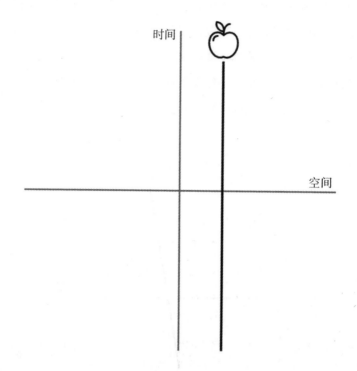

图6 静止状态苹果的闵可夫斯基图

若我们在苹果的闵可夫斯基图中想象有弯曲发生，苹果的世界线将被扭曲，不再沿时间轴垂直向上运动，它将成为一条曲线，且依然穿过空间轴。苹果开始运动了。

弯曲空间的几何问题

尽管爱因斯坦在 1907 年曾仔细思考过等效原理的某些含义，但随后几年间他却将注意力转移了，发展初期的量子理论。直到 1911 年，他才再次将引力作为自己的主要关注点，一直持续到 1915 年成功发表广义相对论。

用 4 年时光为一个已存在的理论加上一点数学描述，看上去似乎太漫长——与他在狭义相对论上所投入的精力相比，的确很长。不过，狭义相对论所涉及的数学知识高中学生就能处理；欲研究广义相对论，爱因斯坦不得不开启一次真正的潜力挖掘。起点是摒弃学校曾教过的几何知识——欧几里得几何。自古希腊时代起，这一学科就几乎未曾改变。欧几里得几何主要解决平面几何问题。在欧几里得定理中，甚至不会在前面列出"假设"或写上"设"之类的限制性语句以给出限定。

这是一种痴迷于平面的数学，其痴迷程度令人震惊。因为在现实世界中，平面并不常见。自然很少以平面呈现，地球表面更不可能以平面呈现。我们知道，去掉明显起伏的山峦或峡谷的存在，地球表面看上去或许是平的，但实际上的地球表面仍然不平。我们居住在一个近似球形的物体上，三维形体使欧几里得几何发生了混乱。

希腊人从未发现他们哲学上的这个大漏洞，一个可能的原因是欧几里得几何来源于柏拉图理想世界。因此，这一学科存在于想象中的完美世界，那里的所有事件均发生在一片无边无际的平面上，线条全都没有厚度。然而，一旦将这一几何问题应用于地球表面时，问题出现了。比如，欧几里得几何的定理之一指出，平行线永不相交。这是欧几里得世界中的平行线——线条肩并肩，永不碰面。现在，请想象一下，假设我们以垂直于地球赤道向北的方向画下两条平行线。显然，在地球上你能看到这样的线条，我们称其为经度线。它们一定会碰面——在极点处。

类似地，地表上的三角形内角之和也超过了平面三角形所具有的180度。你可以轻松地理解这个问题。例如，地球上两条经度线与赤道形成的三角形，仅是两条垂直于赤道的经度线的夹角之和就达到了180度，两条经度线在极点相交时形成的夹角尚未计算。此外，还存在另外一种被称作凹面的曲面。与地表的凸面不同，凹面上的平行线会分散，且凹面上的三角形内角之和会小于180度。直到19世纪，德国数学家卡尔·弗里德里希·高斯（Carl Friedrich Gauss）才开始研究此类弯曲的空间问题——但爱因斯坦需要的知识显然比高斯的研究更深。

碰巧的是，爱因斯坦接受了他本科就读学校——瑞士苏黎世联邦理工学院（ETH）提供的职位，让他于 1912 年得以与老朋友马塞尔·格罗斯曼（Marcel Grossman）重聚。格罗斯曼早已扎根在这里，他见爱因斯坦在研究引力致时空弯曲且被困在相关的数学知识中。他推荐后者去看看波恩哈德·黎曼（Bernhard Riemann）的成果，他是当时研究多维弯曲空间的权威。这最终将爱因斯坦拉上了正确的轨道。

尽管如此，对爱因斯坦而言，他所面对的数学仍是一份挑战，他还面临着被当时的德国数学领军人物戴维·希尔伯特（David Hilbert）超越的风险。希尔伯特在柏林（Berlin）工作，他研究过爱因斯坦的一些早期工作，并开始构建引力场方程。他认为自己的方程已经准备得差不多了，能早于爱因斯坦发表。但爱因斯坦是幸运儿，因为希尔伯特在最后一刻犯了错误，这意味着在谁先谁后的问题上失去了争议。1915 年 11 月 25 日，爱因斯坦投递了题为《引力的场方程组》的论文。

爱因斯坦所完成的工作，是用一组整体上更引人瞩目的方程组（总共十个方程）替代牛顿的方程：

$$F = Gm_1m_2/\ r^2$$

这十个方程经过适当的简化，仍然能导出牛顿的结果，但方程组的基础却是时空弯曲的概念。重要之处在于，爱因斯坦的新方法不仅吻合了他的时空弯曲观点，还产生了一系列与牛顿原理不同的并能进行检验的预测。在这些预测中，一部分无法用当时的实验进行检验，但其中的一条爱因斯坦可以直接使用。

我们前面曾简单提过，距离太阳最近的行星——水星的轨道行为并不能很好地与牛顿预测的结果吻合。其进动（轨道随时间发生变化的方式）与预测值存在一个细小的差距。在当时，一些人认为，还存在另一颗未知行星，并给它起名为"祝融"（或称伏尔甘，Vulcan）。他们认为，这颗行星藏在太阳的背面，其引力场影响了水星。但爱因斯坦的发现令他非常开心，因为他的新公式精确地吻合了针对水星行为的观测

130

结果。

📖 **时空方程组**

写出上述引力方程组的方法有多种。视觉上最简单的一种具有友好形式的方程如下：

$$G_{\mu\nu} + \Lambda g_{\mu\nu} = （8\pi G ／ c^4） T_{\mu\nu}$$

方程中括号内的那部分内容看上去很混乱，事实上，它仅是一个复合常数——数字 8、我们熟悉的 π、牛顿引力常数 G，以及光速 c。其余部分似乎只剩下了代数运算。这是个经典的例子，展示了物理学家使用符号的方式：他们喜欢用一个字母去代表另一个完整的方程；或者，像此处的情况那样，代表另一组方程矩阵。上面的方程中，每一个有下标的字母都是张量（Λ 也是一个常数，它后来让爱因斯坦伤透了脑筋），即一种具有多种形式的数学结果。但在此处，这些字母代表的是一个十维的数学对象，包含了一组微分方程——方程的因变量随时间与位置改变而变化。在表述场方程时，这样的形式简洁且美丽，但掩藏在此方程下的却是复杂的数学问题——如同冰山，它在海面下的部分巨大且令人痛苦。

牛顿的简单方程仅能处理有关质量与质量交互作用的问题，这是造成上述复杂性的原因之一；但爱因斯坦吸纳了当时已有的四项成果，将它们合并在一起以描述引力引起时空弯曲的能力。正如我们之前读过的，等效原理可直接指出，当运动物体（或光束）穿过宇宙时，直线路径会变成曲线。这是第一项成果，它成为了场方程组的六大方程中的第一个，它反映空间具有三个维度且每个维度都具有双向延伸能力。此外，我们还需要第二项成果，时间弯曲，才能使苹果落地。然而，这并非简单地将描述质量与引力关系的牛顿概念应用于这些不同方程。爱因斯坦曾发现，要成就时间弯曲，他还得引入其他两个因子。

　　其一，爱因斯坦需要引入能量。狭义相对论已阐明了质量与能量等价，也阐明了从某参照系进行观察时，相对该参照系处于运动状态的物体质量会增加。一旦总结出 $E=mc^2$，上述情况将成为一个显而易见的结论。因此，爱因斯坦必须考虑能量的引力效应。其二，压力，压力自身会产生少量的引力分量。对非物理学家而言，它不那么明显，但爱因斯坦却不得不考虑它。

　　第三、四项成果不那么耀眼，但仍需进行精确运算。在一些情况下，它们仍然很重要。先谈谈参照系拖拽（第三项成果），它是一种引力效应，大质量的旋转物体会以类似旋涡的形式拖拽周围的时空。这颇似在一罐蜂蜜中快速搅动一把勺子。随着勺子的旋转，最贴近勺子的蜂蜜会被拖拽着随之运动。然后，这些蜂蜜又会拖拽距离勺子稍远一些的蜂蜜，最终出现一道蜂蜜流随勺子一同旋转。

　　地球造成的参照系拖拽已由一系列实验观察到。一些实验表明，这一效应正是我们回到过去的时光机的希望，参照系拖拽效应使时空发生扭曲，其方式正好可被时光机利用。也有其他一些科学家质疑这一分析的正确性。不管这一质疑是否正确，参照系拖拽效应出现了，也确实存在，因为狭义相对论指出，运动中的大质量物体会在与其运动方向垂直的方向上产生弱小的引力作用。正是这一侧向的引力，使物体旋转时产生了参照系拖拽。

　　要理解这一引力如何发生，最简单的方法就是想象一组简单的物体组合，其中一个是静止物体（例如一个沉重的球），它被置于两条质量很大的条状物体之间。当以球为参照系时，上方的条状物体从左向右运动，下方的条状物体从右向左运动，二者速率相同。上下条状物质量相等，因此，球不会被引力牵引向任一条状物体。

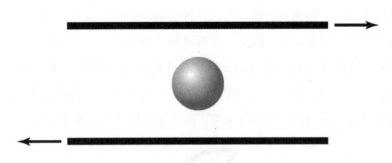

图 7　条状物体与球体

然而，狭义相对论无法使我们对类似"两条条状物体具有相同质量"这样的描述进行广义化推演——因为质量会影响引力效应。想象一下，我们现在正在从左向右地飞越这一实验，且速度与上方条状物体相同。从我们的视角看，上方的条状物体并未运动，而下方的条状物体却在以二倍速度运动。根据狭义相对论我们可知，运动物体质量增加。因此，从我们的参照系来看，下方的条状物比上方的条状物质量更大。这意味着，球体应当被吸引向下方的条状物。

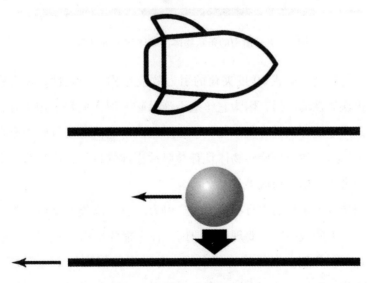

图 8　条状物体、球体与宇宙飞船

这带来了一种不可能出现的结果。当我们静止不动时，球体不会向上或向下运动；但当我们运动时，球体会向下运动。这显然不可能，这是对相对论的过度诠释。因此，只有这样一种解释——以宇宙飞船为参照系时，球体在从右向左运动，但从静止的观察者来看，球并未运动。因此，运动的球必然会产生一种侧向引力，以平衡下方条状物体因运动而增加质量，进而产生的额外引力。如此，球体才不会发生运动。

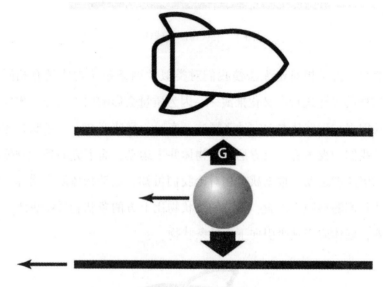

图 9　有平衡力的条状物体、球体与宇宙飞船

　　这一与运动方向成 90 度夹角的引力效应也称重力磁性。重力磁性是一个带误导性的术语，因为它丝毫不涉及磁。但人们仍采用了它，因为它与磁产生的方式具有相似性——磁场也位于电荷运动方向的直角夹角方向上。这一效应使旋转物体具有参照系拖拽的特征，也给爱因斯坦的方程组带来了第三项成果。

　　第四项成果来自引力自身产生的吸引力。引力以类似反馈一类的效应产生了更大的吸引力。要理解其原因，你可能需要引入在学校学过的一种能量——势能。理解势能的本质，有助于我们理解上述问题。比如，将重物带到比萨斜塔上层时会消耗能量。你应该学过，这样的行为为那个重物赋予了势能。如果你使这一重物从塔上掉落，势能可以转化为动能（运动）。

不过，引力产生吸引力，它的势能从何而来？它是地球引力场作用的结果。如果你能将斜塔搬到深空，重复同一实验，结果就无趣多了。在没有重量的情况下，不会产生任何势能。因此，地球的引力场（包括任一引力场）就是一种能量源。

我们在前文介绍过，能量与质量等价，因此能量也会产生引力。如此，引力场的能量本身也会产生少量的额外引力。同时，这一额外引力自身还会产生引力，无尽循环。不过，这一效应相对较小，类似一个无尽的数学序列"$1+1/2+1/4+1/8+\cdots$"。在数学上，这个无限循环的序列和为一个有限量，可进行计算并包含在方程组中。

相对论宇宙 验证这一理论

仅采用上述元素就解出一组类似高难度的方程组（还得记住，我们的空间方程不是一个，是六个），简直是非凡的成就，这毋庸置疑。对完整的引力方程组而言，现目前仍然没有任何通用的解决方案，但人们已经证实，针对特定情况进行结果预测可以做到，使采用广义相对论理论进行某些可验证的预测具有了可能。

根据前文的介绍，爱因斯坦早就能通过修正牛顿理论预测中出现的水星轨道偏差以测试自己的理论，且其结果吻合非常好。但理想状态是，在新理论完成后，通过实验得出的数据应能支撑这一理论。比如，如果能发现物质使光的路径发生弯曲，就能证实这一理论的预测，那将是爱因斯坦的又一次胜利。

爱因斯坦无法进行激光实验——1960 年以前，没有激光。但像太阳这样的恒星会将经过它的光线弯曲，其弯曲程度足以被我们检测到。然而，要进行这样的测试，就要求那道来自更遥远恒星的光芒，即使在近距离经过太阳时依然可见。通常来说这不可能，因为太阳那强烈的光芒掩盖了其余所有的星光。我们容易认为白天时星星离开了天空，因为我们无法看见它们。但也有特例，即便是贴近太阳边缘的恒星，我们也有一个可以看见它们的时刻——日全食期间，在月亮完全挡住阳光的那一刻。

爱因斯坦尚在数学问题中挣扎时，第一次验证广义相对论的科学考察到来了。（在多数情况下，观测日食需要一次科学考察，因为每次日食均只对小部分地表区域可见。）德国科学家欧文·弗伦德里希（Erwin Freundlich）于1914年尝试去克里米亚（Crimea）观测日食。不过，弗伦德里希陷入了第一次世界大战的泥淖，携带大型望远镜跑去对方领土并非明智之举，他被当作间谍逮捕了。类似地，战争的混乱使科学工作的展开变得不切实际，所以，1916年和1918年的日食与科学家失之交臂。直到1919年5月29日，人们尝试的两次科考，成为了保住爱因斯坦最后体面的机会。

两次科考都遇到了天气和科考队技术的问题，但在数据分析后，英国天文学家亚瑟·爱丁顿宣布，科考人员已经确认了爱因斯坦预测的位移。自1919年以来，一直有人怀疑这一观察结果是否属实。爱丁顿的科考组结果来自于数量非常有限的曝光图像，这些光的数量恰好处于他们仪器的精确极限之上，能区别爱因斯坦与牛顿作预测之间的相对较小的差别。爱丁顿满怀信心宣布的确认公告，或许只是沉溺于某些一厢情愿的想法——但他成功了，因为随后那些更精确的实验完全证实了爱因斯坦的预测。

在我们完成广义相对论方程组讨论前，有必要提一下多出来的那个常数 Λ，它是希腊字母表中的第 11 个（λ 的大写形式，音为兰布达）字母，出现于场方程组中的第二个方程中：

$$G_{\mu\nu} + \Lambda g_{\mu\nu} = (8\pi G \,/\, c^4)\ T_{\mu\nu}$$

这一常数有时被称作宇宙常数。因为缺少了这一常数，方程组预示宇宙将会坍缩，故爱因斯坦添加了这一常数且这一方式已广为人知。爱因斯坦的观点是，宇宙处于平衡状态，具有恒定的大小，故而主观地添加了这一常数，作为一个容差系数，使宇宙能抵御收缩力的作用。

后来，他将这个常数称作自己最大的错误。不过，后人最终证实爱因斯坦的错误并不在于引入了这一常数，而是选择了一个错误的值。爱因斯坦之后的科学家发现，宇宙大小并非恒定，而是处于扩张之中，因此为这一常数赋予了另外一个值就能确保爱因斯坦的方程组得到正常结果。实际上，Λ 代表了一类神秘物质所产生的效应，我们称这种神秘物质为"暗物质"。

研究波动

广义相对论经受住了时间的考验。不过，若要将相对论提升到与其他三种基本力相并列的地位，仍有较大的理论空白。尽管如此，爱因斯坦的研究已在一项又一项的测试中体现出了广泛的适用性。在当时，科学家拒绝认可引力具有量子的形式，极微观与极宏观物理学问题之间的界限模糊不清。还有一些研究致力于发展诸如弦理论、量子环引力之类的理论，这些理论提出了与广义相对论兼容的量子版本引力。但截至目前，这些理论尚不可验证，或其验证结果不能让人完全满意。当然，这并不意味着广义相对论就不能带来优雅而有效的预测，尤其是在引力波方面。

1916 年，爱因斯坦发表了一篇包含错误的论文，他于 1918 年进行了更正与澄清。论文中，他预测，如运动的电荷会产生电磁波一样，有质量的物体在运动时会产生引力波。广义相对论呼声很好，几乎没人怀疑这种波的存在。20 世纪 70 年代，当人们发现脉冲双星具有可变频率时，这样的波也被间接地观察到。

脉冲星是坍缩形成的超致密中子星，以非常快的速度自旋，像灯塔发射光芒那样发射出电磁波。1974 年，波多黎各（Puerto Rico）天文台的阿雷西博（Arecibo）望远镜探测到某个脉冲源发射的脉冲频率在发生改变。有理论认为这是脉冲星与另一颗恒星构成了双星系统，进而造成了这一现象。这一对双星旋转时，会产生强烈的引力波，引力波携带着能量，会改变轨道频率——这与我们已观察到的结果完全吻合。

这样的间接观察很有趣，但在 2016 年，LIGO（Laser Interferometer Gravitational wave Observatory，激光干涉引力波探测器）给我们带来了更伟大的突破。LIGO 拾取遥远事件释放出的引力波，这些引力波的来源或可被认为是两个黑洞合并时发生的剧烈爆发。这些观测结果数据本身极富价值，同时，它（观测的方式）可能为我们观测宇宙带来了一种全新的方式。目前，我们用于探测宇宙的望远镜全都依赖于光，从低频的电磁波到可见光，一直到 X-射线及伽玛射线。但光总会受到物质的干扰：散射、吸收，光通常会被沿途经过的物体干扰。然而，引力却不同，没有什么能阻挡引力。宇宙诞生后大约 30 万年时有一道壁障——这是早期宇宙的时间终点。自那时起，宇宙开始变得透明，让光线能够穿透，引力甚至能让我们看见早于这一壁障所发生的事件。

在 2016 年的发现之后，无论我们的狂热有多么热切且合情，都需要在天文学即将到来的光明前景上保持警惕，因为引力波非常难检测。毕竟，相较于其他基本力而言，引力微弱得令人发指。在寻找引力波的过程中，我们需要检测的是极微弱波动——大约为背景值的 10^{-21}。这里，举个例子为大家说明这个值有多小：一辆汽车路过望远镜时，对望远镜产生的影响也远超这个数值。与光不同，我们没有办法滤除无关的波动。

数十年来，引力波探测器的敏感度在不断提高，但在 2016 年 LIGO 增强版探测到黑洞碰撞之前，我们并未探测到任何形式上的引力波。LIGO 由两个相距约 3 000 000 米远的探测器组成，一个位于华盛顿州汉福德（Handford，Washington），一个位于路易斯安那州利文斯顿（Livingston，Louisiana）。每个探测器都包含了一对长约 4 000 米的 L 形真空管。真空管的两端有激光光源，它们快速闪烁且频率极快——当第一次闪烁发出的光束相遇并产生干涉时，光源处已发生了数十次闪烁。光源发出的光沿真空管两臂行进，如果有足够强的引力波扫过，其在时空中造成的微弱波动应能导致两束光的行为产生微弱差异，使干涉图像发生偏移——这的确发生了。

不过，仅探测到偏移还不够，任何能轻微晃动设备的事件都能导致这一结果的发生——路过的机动车、沙滩上的浪花、远处发生的地震。这就是为何我们要同时设置两组相距遥远的设备。如果引力波信号同时到达两组设备，那么，这一信号不太可能来源于本地事件（但科学家还得排除一些事件，例如这一事件是否为发生于两台探测器中间地带的地震）。

由于引力波探测有可能探测到伪源，故检测结果的确认遵循了概率原则，两处同时检测到的信号也有巧合的可能。科学家必须确定一个概率的显著性水平，以之衡量并接受真信号、拒绝伪信号。他们采用的方法之一是，将一个激光源信号按时间进行偏移，观察那些明显由非同一信号而引起的偶然事件，并基于此基础尝试确保他们的探测方法具有合理性。这样的方式意味着我们不能像要求光学望远镜那样要求我们的引力探测器，我们不能期望它进行清晰且直接的探测，至少目前如此。

现在，我们有望将 LIGO 的工作交由其继任者 eLISA（evolved Laser Interferometer Space Antenna，演进后空间天线式激光干涉仪）进行，后者将把探测地点迁移至太空，远离地面观测站会面临的潜在干扰，规避了当前探测器所遭遇的许多问题。eLISA 将在太空中使用长达 1000 000 000 米的光束代替 LIGO 那 4 000 米长的真空管，检测灵敏度更高。eLISA 项目替代了大型空间天线式激光干涉仪项目，后者已于 2011 年取消。在本书撰写时，eLISA 项目的计划时间已定于 2034 年。不过，一颗"探路者"卫星早已发射升空，用于测试 eLISA 项目中会涉及的一些技术。引力波具有革新天文学的无量前途——但在引力波成为日常使用工具之前，我们还有很长的路要走。

THE REALITY FRAME

引力就位后，物理世界的所有基本元素皆组装完备。我们 DIY 的宇宙已接近于现实情况。然而，看一看地球，还有另一样东西产生着巨大影响，遍及每一处角落。仅用空间、时间、素材、运动、引力的某种组合无法对它进行描述，它使地球与太阳系中的其他岩石星球有了显著区别。它，就是生命。

7 生命

我们的模型渐渐完成构建，它越来越趋于真实宇宙。但目前这一模型中尚无生命，要确定人类在真实宇宙中的地位，这一模型宇宙还需加入生命。这将涉及三个关键点——从无至有的生命出现，从简单的单细胞生物到复杂的多细胞生物，以及从复杂的多细胞生物到人类的漫漫征途。

相宇
对宙 **素材之外?**
论

我会定期给小学生讲课，解释科学与科学交流的真正含义。当我展示科学与科学交流是如何研究那些看上去无聊的日常事件并揭示隐藏其下的无比激动人心且精彩的真相时，课堂总会迎来高潮。

我会询问听众小朋友们的年龄，然后指出他们身体各部分的年龄以展开年龄的概念——他们的血细胞的年龄以天计算，如果以卵细胞计算，他们可以将妈妈的年龄加上，因为卵细胞在妈妈出生时就已形成。这还只是开始，他们体内的原子曾存在于其他植物、动物和人类，它们可能来自历史上的国王、王后或者恐龙。在 45 亿年前，地球形成时，小朋友们体内的原子中的绝大部分均已存在。将这一因素考虑进来，他们的年龄至少得有 45 亿岁了。事实上，他们甚至比这一年龄更大。

像他们肌肉中的碳原子和体内水分子中的氧原子都属于重原子，它们在恒星内部形成，在恒星爆炸时会扩散到宇宙中，最终成为我们太阳系的一部分。这些原子或许形成于 70 亿~90 亿年前，而轻一些的例如肌肉和水中的氢原子则在宇宙诞生后不久出现，大约在 138 亿年前。因此，就组成成分而言，人类大部分部件可追溯到宇宙诞生之时。

这会引起孩子们正向的震惊与敬畏。他们会为构成自身的物质中那不朽本质而着迷，周围事物经历了沧海桑田的变迁，物质的存在却近乎是一种绝对现象。同时，我们通过前文知道，相对论主导了不同物质彼此之间交互的真实情况，但作为单个粒子，这些无生命的物质的存在却保持着绝对的性质。生命则不然，绝对性存在的生命显然脱离了现实。我们所知的生命都高度依赖于其自身的参照系，且受进化约束。

宇宙相对论 关于进化的暗示

我们会发现，在生命起源的问题上，我们在很大程度上仍在黑暗中摸索，不过科学界普遍赞同生命起源后的发展受进化驱动。在理解进化的相关问题上，参照系非常重要。在我们 DIY 的宇宙中，将引入"通过自然选择而进化"观点。它描述了生命体在世代传递过程中累积变异，借此在生物体所处的参照系中为生物体带来某类优势（即自然选择的那部分）——参照系包括环境、掠食者、食物，及有性生殖的竞争者。

有史以来的大多数时光中，在解释生命时，绝对论占据着主导地位。在人类历史的极近期，普遍接受的观点仍认为，生命是宇宙起源后不久由造物主所创，其创造所得的形式正如我们当今之所见。当我们使用"造物（creature）"这一词语时，仍在间接地承认这点，暗含生物体由某人或某事物创造而得。就进化本身而言，并不排斥造物主。可以轻易地举出例子以解答你对此句的疑惑：想一想在同一物种中出现的巨大差异（例如家犬）。吉娃娃和大丹犬为同一物种而差异巨大，其差异并非来自自然选择，而是极度的非自然选择的直接结果。

自然选择所致进化使原始生命成为了今日所见的多样性生物，只要我们接受这一观点，就需要拥抱相对论。早期神创论模型中，有某些观点经常误导人们对进化本质产生误解——进化的过程即是以某种方法驱使生物不断升级，使它们越来越复杂并向着某类理想目标（或许就是人类）演进。但现实情况完全不同，的确存在一些例子，它们在进化过程中变得比祖先更简单。比如，一些大型且复杂的细菌样细胞进化为了更简单的形式，以更好地适应其所处的特定参照系。

自然选择引起进化的现实情况与参照系（参照系包括环境、竞争物种、同物种内部的不同竞争者）有随机改变有关。基因上的变异会带来某些表型上的改变，因环境压力而致的表观遗传改变（基因之外的生物学机制）也会带来某些变化。如果上述改变中的任一项能使某物种更好地适应其参照系，这一改变将可能通过基因传递至后代，也更能使这一物种中的相应个体存续下去。这全都与参照系有关——从物种中隔离出来的单一个体成员无法通过自然选择进行任何有意义的进化。

当我们开始向模型宇宙中"殖民"时，会再次回到进化这一问题上来，但我们首先得拥有一个基本形式的生命——只有在我们理解了何为生命后，才可能实现这点。

何为生命？

圣奥古斯丁清楚地知道何为时间，却又难以向任何问及这一问题的人作描述。不幸的是，我们在描述生命时也遭遇了同样的窘境。比如，我们能毫不犹豫地说，石头没有生命，水仙花或狗有生命——但我们会遇到一个难题，生命有无的界限在哪儿？譬如病毒，它具有生命的某些特征，但又缺失某些惯常认为的生命中不可或缺的特征。

过去，人们觉得生命需要一种在尸体或非生物中不存在的额外"东西"——一种内蕴的能量，通常称"生命力"，它让生命得以存在。看上去，这是一个自然且常识性的概念，因为生命实体在完成某些事件时所采用的方式，对无生命物而言不可企及。然而，就像许多看上去是常识但实际并无科学依据的概念一样，"生命力"这一概念活在伪科学、文学修辞、玄幻小说中。这是一种特殊的，超越且凌驾于我们熟知的化学能、电能，及动能等能量类型之上的生物能，但并无科学证据能支撑它的存在。

生物学家们无法描述何为生命，于是，他们转而列出了生命的特征，描述生命存活状态的必要条件——借以判断生命是否存在。你也许还记得学校学过的"生命过程"七要素。它们通常被表述为：

● 运动——即便是植物也会随时间运动，观察一下追随太阳的向日葵。

● 营养——会消耗某些东西以产生能量，无论是植物、动物，或是阳光。

● 呼吸——指从"食物"源产生能量的过程，通常涉及氧气，但并非一定需要氧。

● 排泄——排出废弃物。

● 繁殖——制造自身的新复本（经常会产生变异），以延续种族。

● 感知——与周围的事物有一定的互动，互动通常表现为对能量存在形式的探测。

● 生长——所有生物均会在发育的某个阶段生长，但该特征并非恒定存在于全部生命过程中。

采用上述方法描述生命会有明显的问题——要满足其提出的所有过程，我们只能将一个生物视作一个整体。比如，从定义上讲，你具有生命，但构成你的细胞却并不具有生命，因为细胞仅表现出了上述特征中的一部分而非全部。虽然生命可能是其所有部件共同呈现出的一种"自然"特质而非各部件相加的结果，但从某些角度看，这样的说法又不正确。从语言上讲，这些条件的陈述也很怪，按这样的说法我们必须承认活细胞为非活。你询问某个细胞生物学家，她会毫无疑问地告诉你，细胞是活的，正如詹妮·罗恩（Jenny Rohn）所说的那样：

> 细胞是活的这一点不容置疑。活细胞会代谢、分裂、在小范围内活动——若你用缩时摄影显微镜拍摄细胞，会发现细胞具有惊人的活动能力，它们颤抖、搏动，伸出探知用的微小手指（丝状伪足）与小脚（板状伪足）；某些细胞甚至还会在小范围内爬行。当然，细胞还会自我繁殖——某些细胞会永无止境地繁殖，比如永生化的癌细胞株。细胞死亡时，它们会收回所有的手指与小脚，皱缩起来。细胞核崩解了，细胞像炸开了一样，细胞完全地静止下来，停止一切活动。因此，在我看来，这就是生与死之间的差异。

像人类这样的复杂生物体内的单细胞，在缺少外界支撑的情况下仅靠其自身很难长期存活——因而细胞可能具有生命，但并非我们常规意义上认为的生命。正如我们之前读到过的，另一个具有生物与非生物谜题的经典例子是病毒。病毒可能具有许多简单的单细胞生物（例如细菌）特征，但却缺少真正的代谢行为。类似地，病毒还缺乏用于自身繁殖的装置，但它却用一项不同寻常的能力进行了替代，劫持被它攻击的宿主细胞的繁殖装置用以自我复制。病毒在生物世界与非生物世界的晨昏线处奇怪地存在着，它们并未被真正划归为生物，似乎也不能划归为石头那样的非生物。

现实一些的做法，或许是将那些具备了直接或间接满足生命过程所需装置的东西划归为生物——比如，将彼此间相互作用形成间接性通路的细胞群视作完整生命。如果是这样，我们或者应当从现在开始将病毒视作生物。无论以哪种方式，我们在定义生命时都会存在一个可被称作附带现象的特征，即在所有构成整体生命的组件就位后自然出现的超出所有组件自身功能的特征。我们知道，生命并不是简单出现的事物；我们还知道，地球上生机盎然。

相宇对论 它……不是活物

20 世纪 50 年代，人们似乎再也不需要造物主的存在，因为人们知道只要存在恰当的环境条件，生命将成为一个必然结果。芝加哥大学（University of Chicago）的著名生物学家斯坦利·尤里（Stanley Urey）招收了一名叫斯坦利·米勒（Stanley Miller）的博士研究生，他进行了一项实验以模拟大家认为的地球生命起源环境。因为当时的人们普遍认为闪电曾在早期地球上肆虐，所以米勒在一个含有水、甲烷、氨与氢的反应容器中进行了放电操作，以模拟闪电的效应。这一实验以科学怪人的方式提供了能量，以促使反应启动。

在实验运行一周后，米勒应用了"绝杀溶液"以确保所有来源于外界的污染都得到清除。之后，他发现一些相对复杂的有机分子已自然地形成，他还发现了痕量的最小氨基酸——甘氨酸。氨基酸通常被称作生命之砖，它们是用以组装生命的关键结构——蛋白质的零部件。2007年，有人用更先进的工具对米勒保存实验结果的密封容器进行了重新检测，发现当时生成了 20 多种氨基酸，只是很微量。我们现在知道，看上去形式复杂的氨基酸其实合成起来很简单——比如，太空中就能轻松找到自然存在的氨基酸。

不过，米勒的实验只能说明像氨基酸这样的有机化学物的形成过程相对简单，地球上所存在的化学物能够形成氨基酸。不幸的是，从氨基酸到生命，还有一道巨大的鸿沟，米勒的反应容器产出的结果距离填补这道鸿沟还差很远。

有了氨基酸就认为生命快出现了？这样的想法不切实际，就像得到一箱齿轮就认为自己即将造出一辆现代化的汽车。以 DNA 举例，我们认为 DNA 是几乎所有地球生命的一个基本组分。DNA 给分子装置提供工作指令，指引分子装置将氨基酸组装成蛋白质。活细胞内的染色体就是单个 DNA 分子，依赖于 DNA 那独特的分子结构，它能储存信息。

每一个 DNA 分子都包含一套"碱基对"，这种被称作碱基的有机化学物互补形成配对，它们有四种不同的分子——胞嘧啶、鸟嘌呤、胸腺嘧啶、腺嘌呤。它们形成的密码记录着数据。由核糖构成的两条螺旋将碱基对固定在恰当的位置，形成了著名的双螺旋结构。DNA 是非常复杂的分子，不仅因为它携带了遗传密码，更因为它的构成方式使它能分开成两部分且任一部分都能被用作模板以重新合成一个完整的分子。这一特性对细胞分裂至关重要，它可以使 DNA 分子被复制到分裂后的细胞中，而细胞分裂又是生物体生长过程中的必要环节。这一聪明的技巧能够实现，多亏了碱基总是与其固定搭档相匹配，即鸟嘌呤与胞嘧啶配对，腺嘌呤与胸腺嘧啶配对。

DNA 的重复结构够简单了吧，然而，这样的简单结构却可以形成非常庞大的染色体，它仍是一个 DNA 分子。迄今所发现的最大的 DNA 分子拥有数十亿碱基对。仅晃荡某种含有一点氨基酸的有机溶液，就能引发 DNA 形成的神奇之旅？似乎可能性不大。即便是在米勒的时代，人们也能意识到 DNA 在这样的条件下形成的可能性很低。因此，一些人提出，有一个存在更早的"RNA 世界"。RNA 与 DNA 类似，但更为简单，早期的生命依靠这种分子携带那些用于繁殖与发育的信息。但问题依然存在，我们同样缺少一个合理的机制去解释 RNA 的形成。

即便这一溶液中诞生了与"生命信息载体分子"相关的化学物，这些物质在一定程度上仍只属于活细胞中最简单的那类部件，还不能代表生命。在细胞中各类分子的复杂性上，在那些读取信号化学物、构建蛋白质、利用能量载体分子 ATP 的复杂分子装置面前，这类简单分子相形见绌。

"分子装置"这一个术语听上去似乎是夸张或比喻的手法，可事实并非这样。就名字而言，它直观且简洁。但在细胞内，一些我们所知的必需装置的复杂性远胜我们那些最为精密的机械。这些分子实际上是在纳米层面上工作的机械装置,远远超出我们当前技术的能力范畴。所有证据都表明,这一装置出现于最早的生命共同祖先体内,然后,进化出了地球上如今的所有生命。这个共同祖先极有可能真实存在过,因为地球上形态各异的生命中大多具有某些共同结构。

同时,米勒假设的早期地球环境条件被淘汰了。这并不是他的错——以当时的地球科学水平看,那已是最佳假设——但自那之后出现的证据并不能证实当时的地球出现了米勒所假设的全部化合物。当时,他之所以选择这些化学物,是因为这样的组成模式代表了木星的大气。选择这样的大气组成模式则是基于另一假设,即行星在早期形成时具有共同的方式,故认为木星大气反映了早期地球大气的构成。然而,基于锆石的研究显示,40亿年前的大气中缺少甲烷与氨,在构建氨基酸时这二者必不可少。事实上,当时的大气主要为氮气、二氧化碳、水蒸气。即便米勒的假设正确,他也只是将已知与未知的边界更明确了一些。如何使一堆化学物实现飞跃,成为生物,即便是最简单生物中的某个复杂结构,已足以令当时的生物学家头疼。

因此,是什么为最早生命的起源提供了能量?这成了一个问题。人们认为,早期地球上曾出现过不同寻常的大规模闪电,米勒已基于此证实了放电过程能提供能量推动某些化学反应,但并无任何证据提示早期生命出现于宇宙间的放电过程。此外,生命需要实现自我维持,而不仅是因某种方式而产生。

生命的要素之一是营养——一种从外部来源获取能量并将其转化为化学能以供生命体实现各项功能的方法。没有哪种生命能依靠闪电释放的电能而存活,也没有人去想象这样的生命存活方式,即便闪电一直存在于地球也不能成为生命的能量来源。假如"闪电反复劈打可以使生命出现"这个观点成立,那么,必然存在别的某种方法能使生命运转起来。

有人曾设想过光是生命诞生的能量来源,但请记住,早期地球曾遍布强烈的紫外线(UV)且无臭氧层的保护。我们今天知道,即使是微弱的 UV 进入我们的身体，也有致癌和遗传损伤的风险。生物学家尼克·莱恩（Nick Lane）写道："即使面对的是今天的高级生命形式，UV 也具有破坏力，因为它会打断有机分子。相比促进有机分子形成的能力，UV 的破坏效率更高。强烈的 UV 更可能的是烧焦海洋，而非在大海中播种生命，UV 是大规模空袭。"

最近出现了一种也许可能的能量源——将热能泵送进海洋的深海热泉。类似于前述的能量促进氨基酸生成的场景，仅有能量并不足以支撑生命。

宇宙相对论 变得复杂

当解释生命起源时，生物学家面临的问题与宇宙学家遇到的问题（解释宇宙如何自虚无中诞生）相似。一旦你为宇宙设置好了初始的自然法则与时空，其他所有事件均可通过一种合理的、系统的方式推论得出。在生物学的问题中，关键问题是解决第一个生命是如何出现的。我们很快会发现，这只是生物学家在生命进化重大跨越中需要作出解释的问题之一。宇宙自虚无中诞生，与这一情况具有相似性，生命的形成也有我们尚不能解释的断层。当然，这并不意味着我们永远不能解释——只是当下，我们尚未找到合适的理由去解释无生命的化学物如何实现令人惊叹的跨越并形成结构化的活细胞。接下来，我们还需要解释更复杂的问题，结构简单的细胞如何经历第二次跨越形成构建更复杂的细胞。

就我们目前所知，在复杂化的道路上，生命发生的跨越式发展只出现过一次。所有复杂生命都基于一组非常相近的方式构建形成，看上去这似乎回到了之前提过的观点——我们拥有共同祖先。这与下述观点并不矛盾，即某些类似的生物学结构或许来源于各自独立的进化。比如，鱿鱼与章鱼的眼睛与哺乳动物的眼睛相似，但它们却有着各自独立的进化路线。受限于地球生命进化的规则框架，形成具有功能的眼睛的方式被局限于某个范围，故而两个独立进化得出了相似的结构。不过，生物学结构进化中所受的约束与生命进化所受的约束在基本原理上不同。

由复杂细胞构成的各种不同物种之间，生物体内的活细胞具有惊人的相似性。尼克·莱恩指出，使用显微镜从细节上观察人体细胞与真菌细胞时，除专业人士外几乎不能对其区分。与我们共有同一祖先的远不止于真菌，我们并未成为独立于起源生命的另一类物种。相反，鉴于如此广泛的物种间的相似性，我们发现，最早的共同祖先已具有了复杂的细胞结构。这一复杂细胞可不是你想象中的那种用一堆化学物组合成的微不足道的结构，它由一群分子装置错综复杂地集合在一起，由一道复杂的膜结构约束。

因此，要在我们的模型宇宙中创造生命，就得构造或至少想象出一种方法，可以借之实现两次（不仅是一次）大跨越。首先，在太阳系形成后大约10亿年，也即40亿年前，我们需要生命从非常简单的化合物中出现。然后，大约又过了20亿年，我们的世界中必须有复杂细胞形成。对于生命出现这一问题，以下结论尚不能确定——地球出现生命是宇宙中独一无二的现象，还是在条件合适的情况下必然出现的一种普遍现象。

多学科给出了多种不同理论。比如，大爆炸仅是解释宇宙最早那一瞬的众多理论的其中之一。然而，一般地，总会存在一种理论与我们当前所取得的数据最吻合，大爆炸亦是如此。同时，在新的数据出现之前，我们也没有理由将另一理论推至台前。不过，生命起源问题是个特例，我们没有任何机制可用以构建预测，我们对宇宙中生命起源可能性的预测概率差距很大：此概率的值可以从0（生命是一种极不寻常的事物或几乎不可能出现的现象，我们也许是空前绝后的实例）至无穷大（生命是一种可轻易产生的事物，可预期生命会自每个可能的机会中出现，宇宙中的其余地方也遍布生命）。

外星人在哪里？

　　事实上，就现有理论来看，具有高科技文明的智慧生命不太可能普遍存在。先说说费米悖论，它源于核物理学家恩里科·费米（Enrico Fermi）曾作出的一条论述。费米于第二次世界大战期间参加了新墨西哥州洛斯阿拉莫斯（Los Alamos）的曼哈顿计划，此论述出现于他加入那次计划之后。在餐厅午餐时，他参与了当时正炒得火热的有关不明飞行物（UFO）的讨论（1950年，UFO热潮达到顶峰），人们认为费米正是那时突然爆出了这一问题："外星人在哪里？"

　　他的观点认为，生命出现具有较高的可能性（当时的统计学结果明显指向了概率谱上乐观的一端）。根据这一概率，我们可以期望自身所处的银河系旋臂中遍布生命，我们可以见到许多明确的、记录档案完好的访客，而不是那些有关飞碟学的不可靠的模糊报告。我们现在更清楚地认识到，即使宇宙中遍布生命，多数也只能等同于细菌的水平，一直未能实现向复杂化迈进的跨越。即便地球之外存在许多智慧文明，鉴于宇宙的尺度，我们也不易相遇。实际上，迄今，我们仍未发现任何确凿的证据能证明地外生命的存在，只找到了一些也许具有可能性的线索，指向太阳系边缘或许存在简单形式的生命。

　　上述观点说明，即使有必需成分存在，生命也并非一定会出现。其实，这其中还有另一个原因——我们没有证据证明地球的40亿年间不止一次地出现过生命（无论那种生命是什么形式）。确实，复杂细胞与细菌水平的生物有显著区别，且我们也不能提出任何机制解释此类跨越。同样，也没有任何线索指向复杂生命的进化完全独立于细菌及其表亲——古细菌。

　　我们已知的遗传学，以及基于机制的证据，都坚实地证实了地球上的生命均源自同一个祖先且具有唯一起源。如果生命起源非常容易，我们该问问，为什么生命起源并未多次发生？如果在最初 5 亿年间可以自发地出现生命，为何在接下来的 40 亿年间却再未发生过？在这样的背景下，我们也能像费米一样发问，"其他生命在哪里？"为何地球上没有新的、不同的生命进化链？

在过去的 40 亿年（近乎宇宙年龄的 1/3），只有一个且唯一一个已知的案例，使我们对宇宙的认识跨越了"无生命"与"有生命"的边界。因此，假设生命起源是难以跨越的一步就说得通了。这样看来，生命起源或许就是宇宙中一种相对罕见的事件。当然，这并不是在确定地球上的生命就是宇宙中的唯一。真相是，或许仍有其他生命存在。如果真有其他生命存在，也应当是非常稀薄地点缀于茫茫宇宙。

上古之谜

我们在回溯地球生命起源时，受阻于无法得到直接证据的现状，这和我们在试图回溯宇宙创始之初所遇到的状况一样。实际上，生物学家所面临的问题还更麻烦一些。相比那些想弄清生命是如何及何时出现的古生物学家而言，研究早期宇宙起源的天文学家与宇宙学家有一个巨大优势——天文学家可以得到数种由光速驱动的时光机，使他们能看到过去。

每当我们抬眼凝望宇宙时，我们看见的全是过去，因为光以300000000 米/秒的速度传播。举例：月球与我们的平均距离约为350000000 米，当我们看向月球时，看到的大约是 1 秒之前的月球。我们看到的太阳光是 8 分钟之前发出的光；我们看到的距离我们最近的系外恒星传递来的光，大约在 4 年前就已出发。我们现在看向裸眼能见到的最远天体仙女座星系时，看见的是 250 万年前的光。

借助现代望远镜，天文学家能看见大约 130 亿年前的事件。但当我们观察地球时，则会被限制在当前时刻，因为我们几乎只能看见当前发生的事件。即便我们能找到地球早年留存下来的直接遗迹，它们也在 40 多亿年的时间中经历了巨大变迁。基于上述原因，我们对过去的理解皆来自于极为间接的结果，这为错误解读留下了较大的且几乎不能避免的空间。

大学时，我曾购买过一本有意思的科幻书《神秘的汽车旅馆》(*Motel of the Mysteries*)。作者戴维·麦考雷（David Macaulay）以图形化的冒险小说形式描绘了一名叫霍华德·卡森（Howard Carson）的考古学家的探险。像霍华德·卡特（Howard Carter）发现图坦卡蒙（Tutankhamun）的古墓一样，来自 4022 年的霍华德·卡森发现了久埋于美国沙漠中的一座建筑。在保存下来的一个房间中，卡森必须基于自己那有限的 20 世纪的知识去理解自己发现的新事物。麦考雷以幽默的语言描述了一个严肃的观点：在缺失适当的背景知识时，很容易误读考古中的发现。

在我就时光机所作的一次讲座中，一名听众问了一个问题。他想知道我们能否通过某种方式看见自遥远镜面物体上反射的来自地球的光，以这一镜面物体作为一扇窗户，利用光的延迟效应观察地球。这是个好主意，但时光之镜会遇到巨大的困难。要在许多光年的距离上得到一个如地球这般暗淡的星体的图像几乎不可能——本就相对较少的光子穿越如此长的距离，且还要排除干扰星体弯曲其路径。因此，我们得不到此类充满想象力的工具以检视过去，古生物学家不得不拾起间接原理，也即《神秘的汽车旅馆》中的演绎。

一些古生物学家研究的仅是过去 1 000 万~2 000 万年间的生物。即使是他们，在发表有关恐龙的见解时，也得在一定程度上将推论纳入工作。我们主要依赖于化石记录，这必然带来两种类型的巨大信息缺失——其一，在实际情况中，动物最终能以化石形式保存下来的可能性非常低；其二，在化石形成过程中，动物或植物的整个躯体仅有一小部分能得以保存。古生物学家会基于某些原则进行推测，至于这种推测在结论中所占的比重，我们可以通过一些例子去理解。电影《侏罗纪公园》

描绘了迅猛龙的形象，但我们最近对该物种的外观有了新的看法。数十年来，好莱坞一直采用蜥蜴皮的外观定义迅猛龙的标准形象。但在今天的古生物学家看来，几乎可以确定，至少有三种恐龙的表皮由羽毛覆盖，包括迅猛龙。电影《侏罗纪公园》并未作任何修正——拥有五颜六色羽毛的迅猛龙会更偏向于可爱动物，而非凶猛的捕猎者。

魔力水晶

　　尽管古生物学家们也在推测，但寻找生命起源证据的古生命专家却非常羡慕他们，因为他们没有细菌化石之类的东西可资利用。对最早期的生命而言，只有化学沉积物能残存下来。因此，哪怕我们能在这一领域作出模糊的简单结论（例如，我们较好地推测到生命起源于 40 亿年前），也足够令人惊叹。在部分远古沉积岩中保留下来的硅酸锆小晶体及碳沉积物给出了线索。

　　通过铀衰变测定，我们知道某些硅酸锆（也称锆石）已形成并超过了 40 亿年。这种化学物的晶体结构在形成过程中有可能会捕获到其他粒子，它对我们推测生命起源时刻的地球环境非常重要。与 20 世纪 50 年代假设的有机溶液不同，那一时期的地球大气的实际化学成分似乎更类似于当前的情况：主要由氮气、水蒸气及二氧化碳构成。

　　生命起源本身的证据也来自锆石内的碳沉积物。碳有两种稳定同位素（原子核内中子数不同的变体）——碳 12（常见形式）和碳 13。此外，还有放射性的同位素碳 14，被用于放射性碳年代测定法。科学家在锆石研究中发现，似乎所有构建生命体的方法都存在一种轻微的倾向——生命更倾向于利用小一些的碳 12 原子。因此，生命有蓄积碳 12 的趋势，使生命体中的碳 12 与碳 13 的比例偏离自然界中 99：1的比值。

　　这一证据给我们提供的信息非常重要。我们认为，在地球形成 4 亿年后，生命开始活跃，因为那时的锆石中碳 12 与碳 13 的相对量已超过了我们在平常环境中所观察到的比例。碳 12 的蓄积是生命存在的证据，没人怀疑，它是最早生命形式的残骸，如同煤矿是植物化石残存下的碳沉积物那般明确。2015 年的一项新发现将地球上第一个生命的最佳估测时间精确到了大约 41 亿年前，这已早于内太阳系大撞击时代，大撞击时代在月球上留下了斑驳的陨坑。

准确地说，应该是那粒锆石形成的年代为 41 亿年前，而碳沉积物的年代更久远。在锆石晶体形成时，碳沉积物应已存在，只是具体时间尚不明确。如果前述的间接证据正确，它确实向我们指明了生命起源的时间在地球形成后的 4 亿年之内。会不会太早了一些？我们思考一下，自那时起的细菌类生物在结构上经历了非常长的时间却几乎没有变化，40 亿年里保持了大致相同的形式，生命起源的时间早得有些奇异。

细菌不进化，这个说法显然不成立。细胞是流体生物，它们具有快速的繁殖周期，具有个体间交换基因的能力，这也是它们成功变为耐药菌的方式。然而，在结构与形态上，细菌并未发生真正变化。古时的细菌与今日的细菌被公认为同一事物。我们思考下述情况：7 500 万年前，一个共同祖先进化出了人类和老鼠的分支，因此细菌能在 40 亿年间保持几乎相同状态的能力（也可以说是局限性），这令人无比惊诧。这一情况意味着，多细胞生物体中的复杂细胞在形成的初期，必然发生过某些特别的事件。

生命的构造

大约 32 亿年前，生命体似乎开始形成那些更接近于化石中所观察到的结构，尤其是那种被称作叠层的结构，它代表了古细菌及细菌克隆所形成的大型层块状结构，至今依然有这类生物存活。在这一时期的矿床沉积中，出现了越来越多的令人信服的证据强烈地指明了生物及其光合作用的效应。光合作用会产生具有破坏潜力的氧气，使更为现代的生命形式有了发展机会。

在我们的假设中，生命最初的出现总是最难解释的部分，但从某种意义上讲，生命出现 20 亿年后如何跃升为复杂生命，同样引人注目。越来越多的科学家注意到，宇宙中有相当多的简单生命，但复杂生命少且不具普遍性。所以，简单生命跃升为复杂生命令人着迷。正如我们多数人在学校生物学中学到的知识，所有多细胞生命形式中的复杂细胞都是某类共生现象的结果，它起源于两个独立的原始细胞相互接触并构成互利共生的关系。

线粒体是复杂细胞内的"动力工厂"，叶绿体是植物进行光合作用的附加结构。几乎可以肯定，这二者均来自细菌的部件，通过某种方式集成到了另一个单细胞生命中。提出这样的观点仍然需要参照系。在这一参照系中，共生的那一对细胞在自然选择下存活并欣欣向荣，只是这并非驱动进化的常见机制。如果你认为将上述原理组合起来就能解释复杂细胞的形成方式，显然是幼稚的，如同你理解了燃油车里的电池后就宣称自己明白了整辆汽车是如何工作一样。

现在，几乎可以肯定，初期，正是古细菌把线粒体（细胞动力来源）的前身吸纳进入了胞体内。古细菌是一种单细胞生物，初看与细菌类似，因此最初被认作了细菌，但现在它被鉴定为一种完全独立的生物。古细菌拥有与细菌完全不同的内部结构。在生命活动上，古细菌所具有的机制与一种名为真核细胞的复杂细胞相当，而真核细胞正是构成所有复杂生命的基础。不过，两个极简单形式的生命形成合并物只是一个起点，要解释它们如何进化发展为复杂的现代真核细胞，还有很长的路要走。

多年来，生物学家一直假设，一系列不同的组件被吸纳进入了某个简单细胞（如细菌中），在细胞内逐渐构建胞内结构并最终形成了一个复杂的组装成品，此成品现今可见于动物、植物、真菌及藻类体内。有人指出，这样的组装过程可能出现于常见的自然选择进化中。在进化过程中，细胞内会渐渐地在这里多了一点东西，那里多了一点结构。还有另一种更激进的解释，来自线粒体共生理论奠基人林恩·马古利斯（Lynn Margulis）。这一解释认为，细胞内组件增加的情况可能来自于生物间形成的额外共生关系——某个简单生物已具备了复杂细胞所需的功能，通过将这一简单生物融合进复杂细胞，后者渐渐得到了增长并增添了能力。后来人们最终证实，这两种解释均不能很好地符合当代真核细胞的形成形式。

如果功能增加的过程遵循了上述两种方式中的任何一种，我们应当能发现不同形式的复杂生命会具有一系列不同的起始点，例如像眼睛这样的复杂特征的进化就不止一个起始点。若真核细胞内的那类复杂结构与功能真的可通过逐渐进化的过程或共生而得到增添，那么这一增添的过程应当五花八门，若我们发现这一增添的过程全都沿着同一条通路，就会非常吃惊——这指向进化受到了某根指挥棒的作用，而非一种盲目的过程。然而，随着科学家们能够检测并比较不同生物体的遗传与分子构成，我们越来越清楚地知道，复杂细胞的结构与功能不具有多样性。

人们对地球上大量生命作过细致研究，它们在表面上存在巨大差异，然而却起源于同一祖先，从藻类到真菌，直至人类。在今天多样的生命的细胞中，我们找到的绝大多数复杂机制与结构都早已在这个祖先的体内就位。正如尼克·莱恩指出的那样："从庞大的多样性中浮现出的要命事实是，真核细胞实在太相似。"上溯至大约20亿年前，我们的共同祖先已具有了极为复杂的结构。

极简单、原始的细菌或古细菌经历了何种路线进化成为了现代的复杂细胞？我们对此尚无清晰的线索。自然选择的进化会带来一个不可避免的结果——大量处于进化中间过程的生命会被其更具效率的后代淘汰而渐渐消失。选择的过程意味着将不那么强大的形式剔除，淘汰品多数不会留下痕迹。即使是时间上与我们更接近一些的生物（如恐龙），其化石记录在某些方面也仅介于不完整至部分完整之间。对单细胞而言，则通常是无影无踪的结局。在这一领域，"缺失的信息"似乎是个玩笑，因为我们几乎缺失所有信息——我们只能看见那些因偶然事件而幸存下来的偶然片段。

我们思考一下，形成我们熟知的恐龙化石需要哪些条件。在恐龙的身体腐烂或被别的动物吃掉前，它必须被某类沉积物完全覆盖住。覆盖其上的物质也必须符合某种条件，能随着恐龙骨骼的溶解而形成某种自然中存在的真菌菌落。在真菌内，矿物质形成结晶并构成骨骼原来的状态，最终硬化成形。在这一过程中，骨骼需要保持原样，不受其他动物或气候的影响。在数百万年之后，某个幸运的路人甲经过此处并将其发现。看完上述步骤，理解化石证据的局限性将变得自然。

复杂细胞的起源为何是一次性完成的？一直令科学家困惑。如果它能发生一次，为何不能多次？同理，细菌几乎不变的能力也令科学家头疼。我们知道，细菌及其远房表亲古细菌长时间保持几乎不变的能力实在杰出。受其极快生命周期及遗传信息交换能力的鞭策，细菌经过了忙乱的进化历程，但它仍然是细菌。它们可能会被鉴定为代谢过程具有显著差异（遗传信息发生了改变），但它仍然是细菌。

自出现以来，细菌与古细菌就一直保持原样——超过了 40 亿年。这可不是我们能看轻它们或者认为它们应该被淘汰的理由。相反，它们已用事实证明，自己能比其他竞争者延续更长的时间，它们更擅长自我延续。用一个简单的比例作说明：这个星球依然处于细菌、古细菌以及在生态位上相对数量较少的生物（如人类）的统治之下。

就它们所从事的事业而言，细菌与古细菌确实很聪明。但若要让它们自主地变为别的某样东西，它们就无能为力了，这与我们讲到过的那些出现于 40 亿年前，且仅出现过一次的复杂细胞不同。然而，尽管复杂细胞相对稀少，但它们却在随后达到了细菌未能达到的高度。在复杂细胞出现后大约 20 亿年，只有其中一种类型的复杂细胞亲本经历了一次转化过程，使各种藻类、真菌、植物及动物得以出现。感谢进化的相对性力量，让真核生物在变革中成为主宰。

📖 太空中的生命

　　复杂真核细胞在出现的过程中经历过何种路线？生物学家们力求寻找这一问题的答案。自然选择及共生理论是进化论中的经典，但它解决不了全部问题。一些人针对复杂生命出现的这一问题给出了激进的回答，他们支持物理学家弗雷德·霍伊尔（Fred Hoyle）和钱德拉·维克拉玛辛格（Chandra Wickramasinghe）提出的有生源说，以避开进化过程。霍伊尔是一名喜欢打破常规的科学家，乐于推翻现状。他提出并捍卫了许多真正的原创性观点——其中一些经受住了时间的考验，也有一些遭到了推翻。可以说，这就是创新的标志——如果你从不提出任何令人惊悚的观点，你显然不能将已知的前沿继续推进且产生显著变化。在霍伊尔热衷的观点中，有生源说受推崇的程度很高。

　　此观点认为，生命起源于外太空而非地球。霍伊尔和维克拉玛辛格并非有生源说的原创者，该学说在 19 世纪就受到了许多大伽的追捧，包括物理学家威廉·汤姆森（以开尔文勋爵的称号而为人熟知）。霍伊尔和维克拉玛辛格是所有支持者中最卖力的两位，在促使这一学说成为现代基础科学的过程中，他们作出了巨大贡献。他们指出宇宙间有有机物存在，构成这些有机物的原子的光学特征可通过光谱学进行检测。

　　他们首先指出了宇宙间随处可见的星际尘埃主要由有机物构成，这在后来得到了证实。在早期的有关地球生命如何起源的模型中，他们让人们知道了复杂有机分子在宇宙间早已存在，包括某些种类的氨基酸（它们是构成多数生命的必要组成部分）。此外，我们知道，很多进入地球大气层的物体会留下残骸坠落至地表，其成分也含有有机物。

　　最初，霍伊尔和维克拉玛辛格不仅用有生源说解释生命起源，还用其解释那些不知从何而来的新疾病。当然，"来自宇宙的生命"这一理论也能用来解释复杂生命的进化为何仅出现了一次——复杂生命很可能并非在地球上形成。

作为一种解释，上述观点看上去似乎有用。但不幸的是，除霍伊尔和维克拉玛辛格的追随者外，有生源说几乎未得到任何科学证据的支持。针对有生源说，有一个旗帜鲜明的反对意见。该意见认为有生源说是在甩锅，将生命及随后的复杂生命如何出现于地球上的问题甩向了太空环境或另一个世界（当然，若我们将更广阔的宇宙纳入考虑，就得考虑更多的时间与空间。在这样的情况下，即使非常不可能发生的事件也具有了可能性）。仔细阅读这一意见本身，它并未反对有生源说，只是指出了有生源说不能解释生命如何出现以及如何变得复杂。

从根本上讲，大多数科学家会认为没必要将基于有生源说的解释复杂化。即便我们能检测大量来自宇宙的物质（无论是邻近我们的星际尘埃，还是到达地表的陨石），但并不能以此证明生命体来自地外。

宇宙相对论 设计的方式倒还更简单？

ID 论支持者认为，生物学结构太复杂，且整体结构非常依赖于不同亚结构间的相互作用。因为没有任何一个过渡性结构能提供生物所需要的结果，所以这些结构极不可能在进化条件中存续下来。

他们会指出，半只眼睛或半片翅膀有什么用？在半成品进化为有用的器官之前，自然选择会将这些负担抛弃吗？因此，ID 论支持者认为，必定存在某种智慧设计者，一种能凌驾于进化参照系之上的绝对力量。你可以将其称为上帝，但 ID 论支持者谨慎地避开这一用语，使他们的观点倾向于能替代进化论的另一种科学理论。然而，我本人并不支持。

ID 论在立场上存在一些问题。最重要的是此观点在本质上有瑕疵，它构建于一个错误的非此即彼的立场。ID 论支持者会告诉我们，针对某一具体法则，除非进化论能对其作出解释，否则，这一法则就应由外来智慧创建。然而，事实上，进化论无法解释某法则，并不意味着没有其他自然法则能对其解释。证伪了一种方案，并不意味着另一方案被立即证明。举个简单的案例，细菌集成进入另一简单细胞后，成为了线粒体动力源，这并不是一种常规的进化过程。进化论无法回答这一问题，但并不意味着没有其他潜在机制或许能解释。"要么是进化，要么是设计者"二选一，显然太武断。

非此即彼的这一问题仅是 ID 论瑕疵的开始。ID 论提出的用以"证明"进化论谬误的例子，多数在现实中行不通。

进化论时代初期，就有一个被频繁引用的例子，提到了眼进化的问题。怀疑进化论有效性的人会问："进化过程中的半成形眼有什么用处？"在眼睛尚未完全形成的时期，那一类无用的、无法称之为眼睛的器官是一种进化负荷，会遭到进化的淘汰而不复存在。如果半成形眼不具有丝毫的功能，那么，现实情况或许真有可能遭到淘汰。不过，我们在自然界中找到了答案。生物具有各样不同形态的眼睛，一些简单，眼睛只有针鼻那么大，没有瞳孔；一些复杂，构造方式不同，从哺乳动物、鱼类及章鱼的单眼到昆虫的复眼。对它们的研究表明，即使是进化到半成形眼也会为拥有者带来许多好处。

翅膀的情况又如何？尚未进化到能支撑飞行的翅膀没啥大用场。乍一看，这是个强力的反驳证据，未进化好的翅膀既不是优良的胳膊/腿，也不能用于飞行。然而，真实情况并不像看上去那般界限明确。一些复杂程度较低的翅膀，或许只能用于滑翔，而不能用于"有动力"的飞翔，但它们仍能带来进化上的优势。

在这一例子中，我们需要认识到，翅膀进化过程的中间阶段与最终的功能型翅膀可能呈现出不同的优势。进化的中心原则是无定向性，这非常重要——进化对未来并无目标，没有想法。在进化出翅膀的过程中，并没有哪种生物是在尝试寻找飞行的方法。比如，某个生物的前肢突变成了半成形的翅膀——能给这一动物带来自身防御上的某些优势，或是贮存营养物的能力得到提高，或是多余热量散发能力得到提高（也许还有其他可能），它就可能因上述原因而突变进化，在偶然的情况下成为了实用的翅膀。

在支持 ID 论的例子中，最强力的一个反驳论据是鞭毛。鞭毛是一种可旋转的如尾巴一样的结构，被某些单细胞生物用作推进器以在水中运动。鞭毛是一套复杂的装置，有一个类似旋转马达一样的部件可使自己旋转。我们很难想象在鞭毛达到最终成熟形式之前，这一器官能提供什么优势。在现实中，构成生物马达的组件并非只被马达独占，它们也用于其他生物系统，某些细菌就用它们分泌"攻击蛋白"。事实上，观察鞭毛的进化历程的确困难，它的进化缺少铁证。

当考虑生命进化以及更深层次的复杂细胞时，我们会面临巨大的挑战，相较于解释某一器官或某个结构的起源问题，这一挑战更艰巨。理解经典进化过程如何实现了复杂细胞的跨越非常困难，但这并不意味着生命跨越式进化的重任必须交托于造物主。它只能表明，生命出现的概率比我们的预估更低，生命的进化以及更高级的复杂生命的出现越来越像是宇宙中的一种罕见事件。

生化学家尼克·莱恩有根据地指出，复杂真核细胞的出现是两个简单原核生物（细菌与古细菌）之间相互作用的结果，即某个细菌进入某个古细菌并产生了一种共生关系。然后，这些细菌会被宿主接纳并丧失部分基因，细菌进化为了不可分割的线粒体。莱恩还指出，因共生而出现的真核细胞，成功与否取决于是否进行了深度的基因转移。这样的基因转移程度非常高，以实现将细菌和古细菌的不同来源的遗传信息混杂并传递给各个原始母细胞。或许，只有少数共生初始体能成为成功的真核细胞，这意味着复杂生命的出现就像中彩票。在海量的数字组合中选出对的那张，让人难以置信。但确有发生的可能，基于恰当环境和条件形成的"彩票"足够多，生命就会在某处出现。

无论事情如何发展，头彩终归出现了，生命及复杂生命在此处诞生。一旦有了生命及复杂生命，生命相对其参照系发生的进化就成为一个方法。基于此方法，具有绝对性倾向的世界将向一个相对论主导的世界过渡。我们知道物质与时间如何将相对论引入宇宙；现在，我们知道生命如何将相对论引入原子与分子的世界。

回顾生命所必需的那些条件。在这些条件中，在原则上无需参照系就能运转的仅有繁殖一项。能进行自身克隆的生物，无需与该物种内的其他个体进行相互作用就能实现繁殖。但要具备变异的机制并实现竞争关系，仍需要相互作用的发生。竞争的本质是物种内两个个体的能力对比，这一能力（更准确地说，是带来这些能力的遗传构成）影响着其自身在物种内的延续。在自然选择而发生的进化中，"自然选择"这一环节天然地需要参照系存在。

有神论者抛出了批驳进化论的观点，如物种悖论，相对论可以击败它。一些有神论者（包括分支 ID 论的支持者）辩称，他们接受进化论的基本原则，进化只发生于某些细微的水平。比如，进化论的确可以解释我们如何从一只基本的狗进化出今日的各样的不同的狗，但它仍然只能是狗。

无论大丹犬与吉娃娃之间存在多大的外观差异，它们都是狗。虽然在现实中不一定能实现，但在原则上它们可以交配繁殖。在遗传学上，它们都是狗。"对于这点，我们不会有疑问。"有神论者说，"除开这些差异，二者并无物种差异。进化论并未解释物种差异从何而来。进化论无法为我们连接起物种间的鸿沟。"（从狼到狗的变化或许会给他们的辩解带来难度，但他们仍然争辩，狼和狗之间的划分具有主观性，因为狼和狗也可以交配繁殖。）

上述观点在理解进化论时出现了误读，这一误读很大程度上源于"物种"这一名词的主观性。的确，在刚开始时，理解"进化出新物种"是有难度的，因为处于进化过程中的通过普通繁殖方式产生的每一生命体都与其亲代属于同一物种。这似乎意味着进化过程不能带来新物种。矛盾在于，当经过足够的世代后，物种进化确实能实现——尽管每一生命体都与其亲代属于同一物种，但相对其祖先或后代而言，却可以是不同物种。

想一想彩虹，这是个有用的类似案例。我们先忘掉牛顿构想出的 7

种颜色，作颜色分解，如分解为16700 000份，这与我的计算机显示器日常呈现的色彩数目相近。如果我打开某个图像处理程序，我能设置红、绿、蓝三种色彩的分量值，这三种色彩决定了每一像素所发出的光的颜色，每一个分量有256个值。因此，可用的色彩总数为16 777 216（256×256×256）。

现在，我们从16 700 000份彩虹切片中取出相邻的两片。你会将它们描述为不同色彩的切片吗？一定不会！当然，我们知道，它们的色彩存在细微差异，但不能将其称为不同色彩。在整个彩虹上，任意相邻的两个切片均会出现上述情况。因此，在这个切片序列中，每一切片的色彩都与其相邻的切片相同。换个角度，贯穿整条彩虹观察切片序列，我们会依次看到红色、橙色、黄色、绿色、蓝色、靛蓝、紫色——显然，尺度上相距较远的切片可呈现出不同颜色。

对物种而言，也存在相同的情况——当追溯某生命体的祖先时，每一生命体都与其亲代属相同物种；若追溯得足够远，你将发现，会出现一个完全不同的物种，新物种。一直向上追溯，你会见到我们曾提到过的动物、植物、真菌及藻类的共同祖先。因为相对论的存在，我们提出的这一现象出现了——某物相对于某物发生了改变。物种的概念并非绝对性概念，它是一种相对性描述。当具备特定的"世代背景"时，"物种"这一术语的参照系方会出现。

生物学上，描述某一具体的生命体，我们可以在其后添加一个括号，注释其上溯多少世代仍为"同一物种"。事实上，并不存在绝对的物种概念。进化不仅带来了物种内的变异，它还能在时间长河中诞生新物种，因为物种是一个以个体为参照系而构建的概念。

我们可以确定，生命存在，相对论存在。在接近自然本质的层面，所有生命均存在进化交互作用，基础正是相对论。生命邂逅进化将带来非凡的进步，最耀眼的是大脑与意识的能力，且人类这一物种已证实此能力具有瞩目的效力。这是生物学上的进步，也是生命谱写的华章。同时，人类的思想还带来了崭新的未来。我们发现，我们能超越与生俱来的能力，可以让创造力与革新力发扬光大，这些成就让我们这一物种有了超脱生命樊篱的能力。

8 创造与革新

想真正理解人类在宇宙中的地位，还需要向我们 DIY 的模型宇宙中添加最后一个层次。有了空间、素材、时间、运动以及引力后，我们将能组合出大多数物理学框架；有了生命，我们超越了物质与光的范畴。但聚焦人类，还需设立更进一步的参照系。

现已证实，我们很难确定这一参照系到底是什么。多年来，人们提出了各种观点解释人类为何与众不同——人类会写作、人类有语言、人类有艺术与娱乐。显然，这些能力并非因为人类有思想——思想只是一种能贴在许多生物身上的标签。若要笃定地认为"智力"足够解释人类的与众不同，恐怕也很艰难。最初，我构思了"增强"一词解释人类与众不同的特质。它特指超越生物学能力及生物学进化，使人类这一形式的物种能拥有生物学限制之外的能力。但这一观点同样被证实尚不完善。现在，我正追寻的答案正渐渐变得清晰——创造与革新。

宇宙相对论 不断变化的参照系

要具有创造性，就得用特殊的方法使用参照系。我们知道了相对论如何在物理参照系中发挥作用，从运动到引力。我们探讨了生命基于环境参照系，在自然选择作用下被迫进化，使竞争中更适应的那些个体生命得以延续。不过，要进行创造性活动，我们还得有一些独特的行为，我们仍然会有意或无意地使参照系发生变化。

166

提出横向思维概念的爱德华·德·波诺（Edward de Bono）描述了人们在实现某些目标时为何会受到一叶障目的阻碍。举例，假设我们需要解决某个问题或提出某个新观点，原则上我们可以构思出任意的可行观点。想象一下，有一个三维空间——"理想状态下的空间"——充塞着大量恒星，每一恒星代表一种可行观点。在我们面前，有大量的可行观点可供选择，但我们却极少利用这种广博的创造力。

我们的日常生活，就发生于这一空间中的一隅，正是我们的假设为自己划定了这一隅的限制。对有关我们的环境、各种可能性、事件如何进展等问题，我们会提出假设。而这一隅限制了我们的创新力，使我们不能有效地革新，使我们如井底之蛙一般仅能见识到整个理想空间中的一小部分。德·波诺提出，我们应当进行"智力激荡"——将我们推出井口、抵达理想空间的新技术。站在这一新起点的视角，我们能产出真正的原创思想。

当然，在德·波诺及他的同行提出其观点的很久之前，人类就一直具有思想。上述这些创造性的专家带来的是一整套技术，让我们在改变自身的参照系时会更轻松一些。在历史长河中，创造与革新是人类一直践行着的行为。引用心理学家米哈利·奇克森特米海伊（Mihaly Csikszentmihalyi）的话："没有创造力，人类很难与猿有区分。"

对创造性活动而言，使参照系发生改变是中心。物理学家戴维·博姆（David Bohm）在其所著的有关创造力的文章中指出，改变思维参照系的能力源于儿童，部分人能将这一能力延续至成年：

一定有许多科学家的数学水平高于爱因斯坦，也许比爱因斯坦懂得的物理学知识更多。不过，他们与爱因斯坦的区别在于，后者具有较高程度的原创性……孩子在学习走路、说话、理解自己行为方式的过程中，会通过尝试并观察尝试的结果，根据实际情况对自己的行为（或观点）作修正。在此情况下，他生命中的最初几年具有较高的创造力……然而，随着孩子渐渐长大，学习的含义变得狭义……他对新的、原创性事件的理解能力会逐渐消逝。一旦失去了创造力，所有事物都失去了赖以发展的根基。

参照系是现实世界的组成部分之一，如狭义相对论中的参照系。看博姆的观点，他描述的创造力似乎是一种虚无缥缈的能力。事实上，无论现实中的参照系是物理学家眼中的光（一种波、一种粒子、一种量子场中的扰动），或是艺术家眼中那不一样的世界，或是商人推出的新产品，每一方式都涉及了参照系本身的改变。因此，参照系自身也具有相对性。

博姆还说："在一项创造性活动中，我认为人们认知到了一种新秩序，这一秩序具有深远的潜在重要性。这一新秩序最终导出了新格局的创生……"这一类创新性思考带来的革新，造就了数万年生物进化史中那白驹过隙的一瞬，在那一刻，某群普通猿猴摇身一变成为了完全不同的另一类生物——人类。

宇宙相对论 进化竞赛

从纯粹的生物学角度看，现代智人在过去 10 万年时间发生的变化很少。这样的一种观点具有局限性，它忽略了创造性，一些观察者容易犯这样的错误。一本科学期刊中的文章宣称，"黑猩猩比人类'进化'得更高级"，这让上述错误变得显著。客观地说，作者对这一表述进行了限定，他将"进化"加上了引号，他想表明仅在他所描述的情况下这一表述为真。

这篇文章是密歇根大学安娜堡分校（University of Michigan in Ann Arbor）的科学家的工作成果，他们比较了同时存在于人类与黑猩猩基因组中的 14000 个基因。这项结果吸人眼球之处在于，黑猩猩是现存的与人类亲缘关系最近的生物。在比较过的黑猩猩和人类基因中，前者有

233 个基因上的改变为自然选择后保留下来的变异，因为这些变异对这一物种有利；人类的这类变异基因仅有 154 个。密歇根科研小组的首席研究员张建志（Jianzhi Zhang）评论："我们曾认为，人类逐步攀升为当今这一星球占统治地位的物种，一定经历了大量的正向选择，而他们的研究结果颠覆了这一观点。"

我们不应对基因比较的结果作过度解读，事实上，具有共同基因的生物体所表现出的差异应为基因与表观遗传共同作用的结果。生物及环境因素也会导致不同的基因打开或关闭，这就是表观遗传过程。即便某些基因具有非常重要的独立作用，我们也不能将某一结果完全归结于基因，如人类拥有的比黑猩猩更大更强的大脑就不能完全归结于基因。

此外，这项研究仅能对两个物种间的可比较基因组中的非常小的一部分作比较。站在纯粹生物学立场看待进化会遭遇缺陷，这样的做法容易忽视创造力的重要性。

基于纯粹生物学及遗传学观点探讨某一物种的改变程度会遇到上述问题，这一状况或许说明了我们在公共科学传播中对基因重要性的过分强调。自某些书籍出版后（如《自私的基因》，理查德·道金斯），这样的过分强调就初见端倪。首先，如张建志在文章中的表述："与大脑容量相关的遗传学变异也许本身就很少。"对变异基因数目作简单计数并非评价生物体进化方向的有效方式。

举例，水稻比人类的基因数目多，但这一数量却与该生物的能力关系不大。少数基因也能给生物体带来明确的重要差异，人类大脑就是一个很好的例子。不同基因具有的重要性不同。

其次，认为 600 万年间黑猩猩的变化比人类更大的观点也不全面，它仅局限于遗传学这一类型的研究。在 600 万年的时间，黑猩猩继续做着祖祖辈辈曾做过的事情，只发生了细微的改变。它们并未拥有与人类相同的能力，它们不能重构问题，不能重构身处的世界，不能做科学实验，不能发展出理论，更不能进行技术革新。

创新并非人类的专属领地，但人类的创新与其他动物的创新存在重要区别。比如,非人类领域中出现的最强革新,工具使用。一些物种,从黑猩猩到某些鸟类,尤其是乌鸦家庭,曾被观察到使用工具以延伸其基本生物学能力的行为。工具使用方式,包括用石头砸开贝壳,用长草叶或嫩枝伸进树洞中"钓"出虫子。但这样的工具使用方式在这些物种中并非普遍现象,且不会显著地改变它们的生活方式。

在这样的情况下,人们高度怀疑,只有当某个物种对世界观进行重构后,方会导致革新的发生。创造力让人类从普通猿类变成了一种能改变世界的动物,创造力带来了某些生命不能实现的奇迹。当我们将创造力抹去,仅留下生命自身拥有的器官时,世界观改变几乎不能发生。与其他生物不同,我们有潜力去选择是否殖民到起源行星之外的星球——若没有创造力,这只能停留于梦境。

宇宙相对论 作出改变

再次引用物理学家戴维·博姆的话:

> (在创造性的思维框架内)某人做了某件事(仅移动了一下身体或搬动了某个物体),之后,他注意到实际发生的情况与根据先验知识推论出的情况有异。根据这一差异,他产生了新的认知,或者对这一差异有了新的看法。这样的过程可见于任何领域,永恒地进行下去,无始无终。

每一次,参照系都会被改变:

> 一个人需要从他所做的或所看到的事件中获得经验,必须跳出其已具备的基础先验知识的框架。如果他未能达成这点,那么,他的行为会受主观意识导向,主观意识通常异于事实。

换句话说，我们需要从自身周围的环境中学习，学会改变参照系的能力。否则，我们容易对正在发生的事件作错误解读。

当某个具有创造性的人，以某种特别的方式长期思考某事件后，他可能会在某一时刻突然改变自己观念上的原始参照系，从而对这一事件有了全新的理解。

天文学家维拉·鲁宾（Vera Rubin）发现，银河系中一些恒星的公转方向与其他恒星相反。在这一发现的过程中，她经历了参照系的改变。最初线索源于两张早期的分光镜图像，其中一幅不理想，她认为还需要一些验证性证据，这些证据或许还需要一年时间才能完成收集。鲁宾说：

> 电脑旁边有一台对我有莫大吸引力的显示器，我正坐在这台显示器的面前。显示器为我精细地呈现了分光镜图像，我可以对其进行分析。我看不懂这些图像，直到一天我做了一个简单的决定，我必须去理解我所观察到的复杂图案是什么。我在一张纸上画了草图，突然，我明白了一切。我无法用别的方式述说这一过程，它是如此的明确。我不知道自己为什么没在两年前就这样做。

在论及参照系改变的重要性时，有一点需强调，即改变参照系这一行为并未囊括创造与革新的全部内容。看待鲁宾的成就时，必须将目光放在她改变参照系的前后，且要将时间背景放至更长的情形下，全面覆盖她进行数据评估、测量及结果核对的时间段。在那段时光，在有意识与无意识的情况下，她磋磨着自己的数据。那些足以改变人类本质的创新，其实现过程虽然耗费了漫长的时光，但参照系的改变通常发生于瞬间。

有趣的是，人们一直认为停止思考所研究的问题，是有助于改变参照系的最佳方法之一，将改变参照系所需要进行的思考留给潜意识处理。电子先驱弗兰克·奥夫纳（Frank Offner）对这一过程进行了总结：

> 告诉你一件事，我在科学与技术研究中发现了一种现象：如果你遇到了一个问题，不要坐在那里去尝试解决。我自己就是如此，若枯坐着思索，什么也解决不了。解决方案通常在深夜来袭，或者在我开车、冲澡，做某些无关之事的时候。

当我们有意识地去解决某一问题或构思某一新想法时，除非我们能采用某种明确的技术去激励大脑从一个新方向去思考，否则会不可避免地利用旧观念形成的关联于该问题所属领域的参照系解决方案。不要有目的地去思考解决方案是什么，而是将时间留给后台，潜意识能获得足够的机会去尝试不同的参照系。

心理学家米哈利·奇克森特米海伊因原创出"福流"（flow，又称心流）的概念而闻名，它特指将集中的精神状态应用于一项活动之上。停止有意识地追求某种解决方案后的那些时间，奇克森特米海伊提出了在这段时间内可能会发生的事件——思考者知识领域中的观点能频繁地进行随机组合，这些随机组合的观点不够理性但具有潜意识特征。

奇克森特米海伊还提出，在这些时间内，大脑可能会出现某些并行处理机制，使其能在广阔的空间中思考，最终让思考者产生一种新方法去看待自己追逐的目标，让他们从另一个参照系去理解这一目标。

奇克森特米海伊归纳了一个观点，创新需要某个知识领域（如数学或绘画）以一种全新的方式自我看待（参照系的改变），并得到这一领域中同行的认可。他认为，找出新的参照系不足以称为创新，还需得到同行认可。他据此提出，如音乐界的巴赫（Bach）、生物学界的孟德尔（Mendel），他们在自己工作的年代不能被真正认定为创新。数十年后，当他们的成就得到认可，他们看待事物的新方式在领域内得到认同，他们才完成了创新。

创新没有捷径。现实中，采用不同的参照系并不意味着必然产生某种更佳观点。一般情况下，此行为通常产生扭曲的观点，这或许源于观点持有者对这一领域知识的有限了解。作为一名物理学家和科普作者，我收到了许多读者的来信。有人问我，为什么爱因斯坦会在某问题上犯错？如何在一页内容中解决费马大定理推导？电磁场与水晶的神秘效应如何产生了关联？提问的每人都以不同的方式理解某一事件，但由于对其领域知识的有限了解，他们对所提问题的答案猜想通常失真。

当然，这并不意味着缺少适当知识的人就不能有好点子。产品开发领域就有一些例子，宝丽来相机的发明。埃德温·兰德（Edwin Land）是一名科学家、工程师，他清楚地知道拍下的照片不能被立即看到，需先进行照片显影、定影、冲洗等工作。一次乡村旅行后，兰德的小女儿将胶卷从兰德的相机中抠了出来，展开胶卷想提前看看拍了些什么，胶卷遭到了毁坏。此时的兰德突发灵感，想将女儿的概念转为现实。女儿会有拉出胶卷观察的想法，因为她不知道胶卷的原理；专家们显然明白胶卷的原理，以至于他们很难想象出类似的问题。一些时候，专家需要被类似的事件刺激一下（像兰德和他的女儿），逼着他们改变参照系。不过，在这种时候，仍然需要专业知识去过滤各种想法，找出值得研究的点子并将其变为现实。爱迪生（Edison）曾提出，天才是99%的汗水加1%的灵感。无论是改变人类于宇宙间的所处地位，还是形成原创观点，创造性至关重要。

下面，我们会讲述为何需要创造性。不过，在此之前，我们仍需强调一下奇克森特米海伊所言的创造性的最后一个方面，它具有重要意义。奇克森特米海伊说：

>……当我们与（富有创造力的）工程师、化学家、作家、音乐家、商人、社会改革者、历史学家、建筑师、社会学家、医生交谈时，他们都认为自己从事了自己感兴趣的职业。

创造性或许已用非凡的方式改变了人类，但看上去，创新的主要驱动力来源于实施创新这一过程所带来的个人激励，而非全人类的最终利益。

奇克森特米海伊提出，至少有一部分人从革新的行为中获得了快乐的回报。他指出，作为一个物种，我们在整体上需要一定程度的保守主义存在，以避免不停地、漫无目的地朝着新方向乱进。同时，事实证明，享受创新能带来乐趣并受这一乐趣驱动的个体依然对整个种族带去了好处。站在纯学术角度，自然选择令这类个体存活的机会狭小，但他们的确推动了族群的前进。

这意味着，随着时间推移，这些个体的同伴将倾向于对他们提供保护并支出对他们的激励。如此一来，其影响力不再局限于个人，而是扩散至整个群体，这些个体为人类获取的益处将推进进化。

宇宙相对论 乱石头

创造力通过多种不同方式改变人类的生活。洞悉创造性的本质，明白它如何将参照系的改变卷入其中，探究一些早期人类应用创造力的事例将非常有帮助。我们经常会在各种发展中适应参照系的改变，以至于很难明白"出现一种新眼光看待问题有多么重要"。这里，我们先从一块石头讲起。

人类的拳头能造成一定的伤害，握着一块石头或棍棒的拳头能造成更大的伤害。武器与工具延伸了我们的天赋能力，即便最原始的技术也能改善人类的能力。在人类出现之前，两个相似物种的能力差通常不超出 10%。通过武器的使用，增强的能力将使这一比例增大多倍。

未经加工的石头增强了拳头的威力。同时，石头还能被当作一种投掷物，实现远距离攻击，使进攻者更安全。对普通石头的不同使用方式这一事例告诉我们，人类不易对创造性观点带来的力量做到全面认识。

石头散落在我们周围，等着我们使用——使用前，它们只是一些乱

174

石头。使用石头，无需技巧，无需思想。将它们当作石头使用是人类的发明，捡起石头、石头击打、投掷石头。事实上，这正是早期人类参照系发生重大改变之处，也是人类超越自然的第一步。数百万甚至数十亿年前，地面的石头毫无价值，它们仅是地表景象的一部分。将石头看作增强击打力的载体，或将其视作远距离攻击武器，需要人类改变看待石头的观点。正是这一改变，人类与地球上的其他生命拉开了距离。

欲使诸如此类的能力不断增加，需要在引入生命元素之后，将创造力这一最后要素加入我们的模型宇宙。引入创造力，我们的模型宇宙将与现实宇宙更匹配。

史前无人机

在某种意义上，投掷出去的石头是最早的远程武器，但它不具有自主性，只能沿初始轨道行进且不能做出其他行为。今天，无论是军用或民用领域，无人机无处不在。通过半自主性的方式，无人机赋予了我们一种崭新的能力，延展了我们能触及的范围。我们即将向模型宇宙中加入远古就存在的创造力，这种远程能力演化至今天仍在使用，只是原创者实难想象出今天人们使用的新方式。在这一技术的演进中，参照系的改变微妙且复杂。

与所有早期的创造发明一样，我们并不知道这一技术出现初期的细节，但这并不妨碍我们想象当时的场景。远古的狩猎人，或许会在夜间用篝火取暖，并在那时屠宰白天的狩猎收获，但他们遇到了食肉动物的麻烦——动物想抢走猎人捕猎到的肉食。不过，有一天，出现了一只特别的食肉动物——它看上去与别的不同，它是一匹狼。它并未袭击人类，也未试着抢走猎物。相反，它静静地躺在篝火旁。也许，某人奖赏过它少量的肉。过了一些日子，当营地受到袭击时（无论人类或动物），这只狼与营地里的人并肩战斗。

参照系改变了，这匹特别的狼成为了狼中异类而得到人类的接纳。此时，狼仍被视作捕猎中的掠夺性敌人与竞争者。但从新观点看，这匹改变了的狼有潜力成为某种比长矛或弹弓更有用的工具。如果它真能成为这一团体的一分子，它将能完成对人类能力的补充与延伸，使这一团体比既往更强大。

完全遵照人类的意志与目的，在短暂得让人吃惊的数个代际繁衍之后，狼演变为狗。

20 世纪 50—90 年代，俄罗斯遗传学家迪米特里·别利亚耶夫（Dimitri Belyaev）进行了一项有趣的实验，他有选择性地繁育了具有服从行为的俄罗斯银狐。在 40 年间（对一项实验来说，这一时间的确漫长；但对进化而言，这一时间不值一提），别利亚耶夫繁育的狐狸后代变得类似家犬——"它们的脸变了形状，不像典型狐狸面庞那么尖；它们的耳朵不再直立，而是耷拉向下；它们曾经高高翘起的尾巴低垂下来。"银狐原本具有一致的外观，但这些后代的皮毛产生了特殊的图案与色彩。这种类狗的狐狸会用更多的时间玩耍，且期待来自人类或其年长同类的指令。别利亚耶夫将银狐转变为了一种类似于狗的动物。

定向创造物种的过程并不需要耗费太长时间，很可能在最初与狼的接触尝试后不久，在一两代的人类繁育时间内，远古猎人就未与真正的狼有交集了。出没于营地里的那种动物已改变了其行为方式与外观，直立的耳朵或许已耷拉下来，皮毛变得更具多样性。托参照系改变的福，这一能增强人类能力的新动物进入了现实。那个时刻，从物种角度看，它或许还不能完全与狼分离，但狗已被创造了出来。

尽管狗长着小短腿，但它们的奔跑速度比人类快很多。狗的嗅觉比人类更灵敏，它们的下颌比人类更有力，犬牙是一种危险的武器且远强于人类。如果你考虑的是捕猎与保护的功能，狗主人就有了一件有力的武器，它能实现的攻击远远超出投掷长矛。当然，这也是双刃剑，狗主人得从两方面去衡量。此外，狗还能巡视，能去往狗主人看不见或是去不了的地方，促成一种移动式的警报系统。

最初，仅是由于忠诚，它得到了人类的使用。随后，狗的身份很快超越了工具，它们与主人发展出了亲密且复杂的关系。尽管今天的大多数狗是宠物（社会家庭的延伸），但仍有一些经过特殊训练的狗具有一系列的远程能力，从牧羊到辅助残疾人士。然而，若没有最初那次参照系的改变，让人类看待它的方式从掠食性的狼转变为人类团体一分子的"狼-狗"，上述一切皆不会发生。使用狗是石器时代人们的一项技术，是人类创造力改变世界的最早案例之一。

相字对宙论 笔迹克服时空之堑

狗对人类的价值确凿无疑，但与文字的重要性相比显得苍白。在人类发展中，书面文字的作用让我们的存在形式超越了其他生物体，我们日常生活中的任何其他元素都不能与之媲美。作为物理学术语，文字可以简单到符号或是存在于纸上的斑点。从概念上看，文字是一种载体，它可以将人类之间的交流从时间与空间的局限中解放出来，能挣脱位置与时间的束缚。若没有文字，科学与现代形式的技术①（例如贸易与文学）无从谈起。

大多数动物，甚至某些植物会发生某种水平上的交流（这种交流通常以即时形式完成），然后会永远地断开联系。化学信号持续的时间会稍长一些，如猫用洒尿方式标记领地，信号或许能持续一至两周后消逝。此外，动物间的交流具有较强的空间局限性。

文字消除了空间与时间的限制，我的书架上放着用世界另一端的文字写就的著作。我有牛顿、伽利略，甚至古希腊哲学家留下的文字（当然是译文版）。我喜欢经典的科幻著作，故而书架上的很多书来自已故

---

① 并非所有技术都需要文字。我们已见证过可上溯至文字出现之前的石器时代的基本技术。即便是中世纪大教堂那样的非凡建筑，建造者也不需文字的辅助，只是参加建设的大师级石匠也许使用了文字用以记录。然而，如果没有书面文字，中世纪以后的改变了人类生活与地球的利器将几乎不可能出现。

人士，几乎没有一本书的著作地与我的现居地相邻。在电脑上，我可以阅读一封来自大洋彼岸的电子邮件，它可能于我所在时区的午夜抵达我的邮箱。你阅读本书此段文字时，也许距离我将它们录入电脑的时间（现在时刻：格林尼治标准时间 2015 年 10 月 24 日，星期六，中午 12：53）已有数月甚至数年。或许，你距离我写下此段文字的书桌有万里之遥（英国史云顿，Swindon，UK）。这不会有任何问题，因为文字能解决时间与空间的束缚。

当我们寻找奠基人类当前创举的根源时，会发现再无比文字更重要的发明。尽管我们尚不能找出文字如何出现的最早记录，但能通过残存记录推论出较靠谱的可能性。如此，文字就成为了一系列有序的参照系变迁带来的产物。我们今天找到的可称作最早"书面"信息的例证，是一块被命名为伊塞伍德骨（Ishango bone）的人工加工骨头。它是一块狒狒的小腿骨，其上有三组笔迹记号，分别有 60、48、60 条笔迹，此骨头出现的时间可追溯到大约 2 万年前。

这些记号也许只起装饰作用，也许仅为随机划痕，但不能排除某种记录的可能。以今人为例，我们经常会在某一时刻使用记号——记录某事件重复出现的次数时在纸上画竖线，每数到第五次时会在之前的四条竖线上画一条横线，使其构成数值为五的一组记号。几乎可以肯定，记号是书面文字的前身，因为记号对参照系的改变不具有高要求，记号给我们提供了一种脱离数字进行计数的方式。

我们先从一种简单形式的记号讲起——手指。我们可以想象，一个远古的猎人希望自己晚上回到安身之处能确认自己存放的动物皮草与早晨离去时数量相同。早晨，他计数了自己拥有的皮草，每计数一次，弯曲一根手指。假设拇指弯起压到了其他手指，正好计数完所有的皮草。晚上，他只需重复相同的过程就能确认结果。他不需要知道自己拥有的是 5 张皮草——事实上，他确实不知道。他并无数字的概念却实实在在地知道结果，因为他感知到了相同的记号。

这一位史前猎人所完成的行为，在数学上可以被描述为"比较两个集合是否具有相同势"（势是衡量一个集合大小的度量）。在猎人的情形中，这两个集合就是皮草的集合，以及一只手所代表的数目的集合。进行这样的比较时，在数学上并不要求我们确知每一集合中所包含的项目数。只要我们能按一对一的方式将两个集合中的项目一一对应，两个集合就具有相同的势。

尽管用数学术语描述这一情形较抽象，但它却是记号迈向书面文字的基本一步。我们只需记住，代表记号的手或是物体表面的划痕皆为帮助记忆的步骤，它与皮草数目对应。

随着时间推移，使用记号的人会注意到一些有趣的事。很多东西都能使用记号（手）计数，无论是皮草、山羊、孩子还是植物。毫无疑问，接下来会发生更大的参照系变化。如果我是那一时代的商人，当有人想卖一些皮草给我时，我会问："有多少张皮草?"卖皮草的人会回答，"一掌之数"。那么，对皮草的数量，我有了印象。现在，两组存在的物体（皮草与数字）之间有了清晰的关联，我们会从使用记号迈向使用符号进行计数，"一掌之数"代替了具体数量。

当计数人意识到，他们可以更改某个记号，以指示一掌之数的"某样东西"时，符号的重塑发生了。通过引入这一额外的记号（最初或许是一幅皮草的图画），他们能精确地记录其财产或交易情况。这是一份能长久存放，能进行拷贝，能带往其他地方的记录。它们演化出了形式原始的书写方式。

若没有其他的技术变革，书写这个词将永远是个相对局限的圈子内的兴趣性事物，只有那些有钱的或有权的人才会接触。但最后两次参照系的转变（印刷术以及电子分发方式）使书面文字成为了人类改变其在宇宙中所处地位的最强力方式。

相对论宇宙 创造性的记忆

人们手中的石头工具、家犬及书写，其出现均早于人类可确切记录参照系变化的日子。现在，我们再看看人类钟爱的一项参照系变化——记忆的增强。

尽管我们的记忆具有惊人的容量，但它却存在一些显著的缺点。在短时记忆上，我们很难一次性记住 7 个以上的事项。（花 2 秒钟看看这串 15 位的数字——427718960328758。之后，你看看周围的事物，再尝试回忆能否记起它。）在长时记忆上，尽管我们的回忆能力较好，但也具有选择性，它依赖于事件之间的联系。通常，真正需要我们想起的事情容易遗忘，八卦却记得牢靠。

历史上，人类曾使用两种方法解决记忆弱点。第一种方法是书写，书写是一种用途广泛的技术，除了用于通信外还能以笔记的方式帮助记忆。第二种方法可追溯至古希腊时代，人们应用诸如"思维殿堂"一类的记忆方法帮助记忆。在"思维殿堂"这一方法中，需要记忆的事项被放置于一个假想出来的建筑中，不同的事项放在不同的位置，这也是电视剧《神探夏洛克》（*Sherlock*）中使用的方法。然而，新的方法涉及了参照系的变化，我们已从"如何使用自身的智力资源增强记忆"转变为"如何直接增强自身的智力资源以增强记忆"。

当记忆在人类大脑内形成时，有一种被称作环腺苷酸反应元件结合蛋白（cyclic AMP-response element binding，缩写为 CREB）的蛋白质在其中起了重要作用，大脑正是使用这种蛋白构筑突触。突触是大脑内两个细胞之间的微小联结，在神经系统与机体的其他部位之间也能找到突触形成的联结。人类大脑中的每个神经元都与其他细胞相联，其联结的细胞数目可以是 1—1 000 之间的任意数。儿童的突触会更多一些，随着年纪增长，它们会逐渐下降。

顺便提一下，突触的下降并非是在印证我们熟悉的陈旧观点——大脑神经元细胞会在人的一生中逐渐死亡且不可再生。今天的我们知道，脑细胞确实有再生功能，但脑内细胞间的联结在逐渐减少。我们知道，记忆依赖于突触，诺贝尔奖得主埃里克·坎德尔（Eric Kandel）在巨型海蛞蝓的研究中发现，CREB 蛋白似乎会使记忆的形成变得容易。坎德尔幼时逃离了维也纳纳粹的魔掌，成为了美国的顶尖科学家，他终生致力于在单个脑细胞水平上探索记忆的本质。在研究巨型海蛞蝓多年后（这类动物通常拥有大型神经元，易于研究），坎德尔又用小鼠作实验。他将小鼠脑内的 CREB 水平升高，这些小鼠的记忆力显著高于普通小鼠。

看上去，鉴定小鼠的记忆力似乎很难，你不能像询问人类那样去给老鼠提问。过去，人们使用迷宫以测试动物的记忆力。动物必须在迷宫中找到正确的道路，方可获得少量的食物。人们假设，动物学习迷宫路径的速度越快，其记忆的形成就越快。但随后人们认为，在反应记忆力水平中，迷宫并非一种好方法。我们回忆信息时，主要利用的是意识中的检索方法。但迷宫中的重复性行进，更多利用的是程序性记忆。我们可以用电脑键盘打字的例子去理解程序性记忆——"你问我，键盘上的 V 键在哪儿？我不知如何回答；你说，将 V 键敲出来，我的程序性记忆会指挥手指按下 V 键。"小鼠学习迷宫的过程亦是如此。

为了解决这一问题，坎德尔在实验中将小鼠放在了一个明亮的圆台中央，圆台边缘有很多小洞。老鼠不喜欢暴露于明亮的环境，也不喜欢处于某个空间的中央，这会令它们感到危险。它们会尝试寻找一个小洞，以逃离其他生物的视野——圆台边缘的小洞中，只有一个对应正确的逃离路线，其余皆为假洞。最初，小鼠会随机探查这些小洞；然后，它们开始尝试一逃离方式；最终，记忆会发挥作用。实验中，圆台周边的壁上留有记号，代表着某一个洞是正确出口。虽然逃离路径的位置会在每一轮实验中改变，但记号会随着小洞并行移动。显然，领悟并记住了记号与小洞之间联系的小鼠会获得更快的逃离速度，而那些通过随机尝试猜测路线的或是顺序探查的小鼠的逃离速度更慢。

这些实验的结果结合其他并行研究，形成了早期的 CREB 相关药物的研发。未来，这类药物或许可用于缓解记忆障碍，例如由阿尔兹海默症引起的记忆力衰退。不过，在现实中，药物公司总希望追寻最大客户群而开发药物，记忆力正常的人远大于记忆力受损的人。事实上，如果这种药物能显示出有效性与安全性，药物公司将获得附加效应——拥有一种药物，在定期服用的情况下能增强普通健康人的记忆功能。

相宇 科学怪人的思想控制技能

能直接增强大脑能力的方法，并非只有化学物应用一种。磁场或许也有益于记忆增强，并增强大脑各方面的能力。最初，人们对一种被称作经颅磁刺激术（包含了采用强磁场作用于大脑的方法）的技术持怀疑态度。这一怀疑具有合理性，因为它看上去与18世纪兴起的催眠术类似。催眠术曾宣称，人体周围有"磁场"且如光环一般环绕，刺激这一"磁场"可达到医学上的治愈效果。毫不奇怪，这是一场骗局。

现在，最近数年，使用强磁场线圈刺激大脑已实验性地用于治疗脑部疾病以及辅助卒中病人恢复。强磁场会在大脑中产生感应电流，电流可使各种神经元倾向于活跃。尽管这样的治疗方式会不可避免地造成各种细胞大杂烩般地活跃，有目的地聚焦于某个准确区域变得困难，但纽约城市大学（City University of New York）的福塔纳托·巴塔利亚（Fortunato Battaglia）与他领导的小组揭示，采用经颅磁刺激术可使小鼠的长期增强作用（该作用为记忆的分子基础）得到增加。

同时，这一方法还增强了大脑内齿状回海马区中的干细胞水平。在人类的身体中，干细胞持续进行着分裂。位于巴尔的摩（Baltimore）的约翰·霍普金斯大学医学院（Johns Hopkins University School of Medicine）发表了一项研究结果，表明人类新记忆的形成与干细胞之间存在联系。虽然人们对这一方面的研究尚不完善，但磁疗法如能被恰当地聚焦于大脑内的特定区域，它就有可能扼制那些损伤记忆力的疾病，比如阿尔兹海默症。

虽然外部刺激产出的结果令人惊叹，但并非每人都认同，一些人支持通过大脑内的开发以增强能力的观点——直接做脑外科手术也是一个选择，以增强大脑。在已进行的实验中，我们能通过植入体与海马体进行直接通信，大脑内这一（大致）呈海马形状的区域在处理长时记忆中起主要作用。

2006 年，南加州大学（University of Southern California）的西奥多·伯杰（Theodore W. Berger）领导的团队将大鼠海马体切除了一块，并用芯片替代。这块芯片能模拟神经元，并在脑内所处区域进行通信，它成功地处理了通过海马体传输的信号。在对海马体细胞进行卓绝的研究、数以百万次的刺激并记录其反应后，他们花了数年时间开发这块芯片。由于我们尚未理解海马体处理记忆的方式，所以我们将海马体细胞看作黑匣子，基于此，这一芯片具有了必要性，因为它能模拟细胞对不同刺激作出的反应。

当时，定制一块芯片非常昂贵，南加州大学团队在随后的实验中采用电脑以模拟芯片。不过，实验的目的始终是从离体大脑组织研究向活体大脑通信研究迈进。目前，活体大脑通信研究已在大鼠与猴中展开。在这些实验中，芯片成为了海马体的扩充部分。

在大鼠实验中，我们先将大鼠在记忆某项任务过程中产生的信号捕捉到芯片上。随后，我们给予大鼠记忆干扰药物，使它再不能完成这项任务。当大鼠的大脑获得芯片提供的信息后，它们会重新获得如何完成该任务的记忆。

伯杰的目标是最终能得到一种植入性记忆辅助手段，并将芯片代码延展到尽可能广泛的记忆用途中。他希望能通过某种算法预测并模拟大脑长时记忆形成时的活动，这一方法将能修复受损的记忆功能。伯杰甚至希望，在那些因大脑损伤而致此类长期记忆能力减退的病人中，他的研究能增加其记忆力。

让这一方法从大鼠跨越到人体可能会带来许多问题，不仅是明面上的受术者承担的风险。植入物必须能对大脑神经元的活动进行建模，但目前我们尚未找到方法能在不干扰大脑功能的情况下实现。我们无法在非侵入情况下安全地在单个神经元水平上检测大脑信号，这意味着研究者必须采用猴神经元模型作为人类的试验体。或许，在未来的某天，能在单细胞水平上进行检测的非侵入性手段会实现。

记忆增强芯片的设计目的是用于修复大脑损伤，使记忆功能的缺失部分得到恢复，但它们同样能增强健康大脑的能力。虽然大脑极度复杂，其结构复杂到不可思议，但相比电子设备，神经对信息的处理方式缓慢许多——在进行简单真实的存储时，人类的记忆总要挣扎一番，而记忆增强芯片可使这个过程更快捷高效。IBM 的沃森（Watson）电脑在2011 年美国智力竞赛节目"危险边缘"中取得了胜利，它证明了芯片在信息记录上的优越性。原则上，一块足够先进的芯片能给人类大脑赋予同样的能力。

一些未来主义者钟爱天线人类的点子。天线人类的颅骨上置有插座，可供他们接入电子世界并延展思维。这样的人类已以影视剧的形式出现，如《黑客帝国》。在无数科幻小说中，他们也以多种类似形象出现。然而，尽管这些优势很有吸引力，但这样的方式却难以现实化。对于大脑，我们有天生且合理的保守性，我们中的许多人可在影视剧或小说这一水平上接受大脑被篡改，但仅限于此。有一点可以肯定，如果连接到大脑上的天线某日能成为一种普遍现象，它绝不会有电影里看到的那种位于头上的恐怖接口，尤其不会有《黑客帝国》中描绘的那种巨大且粗糙的插座。

除了手术过程会带来伤害的巨大风险，在大脑中植入电极的最大问题是，线缆（或插座）穿过头皮及颅骨的位置会成为一个潜在的感染源且会使大脑一直处于危险中。假若大脑信息接口能成为一种普遍现象，那么，这一接口应能完全地置于皮下，采用非接触式通信的技术，例如RFID（射频识别标签）技术。这一技术目前用于仓储管控及移动支付（译注：现代移动支付采用了在 RFID 基础上发展而来的近场通信技术，即 NFC）。事实上，我们最大的希望是必须开发出一种外置的、非侵入式的脑-机接口，以避开切开颅骨的风险。

科学家已多次尝试利用 EEG（脑电图仪）的变体构筑一个大脑接

口，EEG 仅需在头皮上放置一系列电极。受术者一般会戴上一顶塑料帽，帽子会将电极固定在颅骨上。当大脑内的神经元活动时，会产生微量电荷，EEG 可拾取这些电荷。糟糕之处在于，大脑内的神经元数量太多，目前的 EEG 技术检测不到有针对性的信息，这项技术仅能检测到数百万不同细胞输出的电荷的平均值。与直接植入电极提供的精确值相比，EEG 给出的结果模糊且易于被大脑的其他活动误导。尽管如此，此类 EEG 头盔及其部分带有发射功能的变体设备已向我们揭示了未来的可行方向。

我们还可以从另一个方向思考此问题。我们倾向于认为大脑仅是颅骨内的一团如巨大灰色胡桃的物质，大脑与身体间的界限并不容易区分。从头顶延伸到脚指头的神经系统，不过是大脑的延伸而已。比如，从眼睛视网膜携带信息而来的视神经，你可以认为它是接入了大脑的另一个系统化结构，同样，你也可以将其视为大脑沿着视神经直抵视网膜的延伸。

这并非在玩文字游戏。在将信息送入大脑之前，眼睛内部已经对信息进行过大量的处理。眼睛内部有大量的感受细胞，比视神经内的神经纤维还多——眼感受器（视锥细胞与视杆细胞）接收到的信息需经整理后才会传递给大脑——事实上，在你的眼睛背后，与大脑中的某个区域直接相连。这类大脑的延伸使直接连接于躯体的增强性部件（如受意识控制的假肢）可以连入神经系统，而非直接连接到大脑本体上，它能降低感染风险。

重塑宇宙

我们在这章中探讨的事例，涉及的创造与革新已脱离了在其他章节构建模型宇宙时使用的科学知识。不过，我们不应忘记，牛顿、爱因斯坦等伟人的见解也来源于类似的创新过程。让牛顿在同时代人中脱颖而出的正是他具有的改变观念参照系的能力。当时的人们普遍认为，天上的星体并不会像苹果那样具有掉落向地面的趋势，牛顿的天才之处在于他改变了观念参照系。举例，他理解了月球也和苹果一样在掉向地面——只是月球具有的恰当的侧向运动速度使其能避免砸到地球表面。从一个局部现象出发，牛顿重塑了引力的观点，让其能应用于宇宙现象。

我们理解下面的例子，可使我们再进行一次科学的思维重塑，这非常有用。

站在日常观察者的角度，太阳东升西落，呈弧形划过天穹。尽管我们可以考虑用其他模型来解释这一现象，但最显然的原因似乎是太阳绕着地球转。然而，这一非常合理（尽管错误）的假设却并未从始至终地得到人们的支持。一些古希腊哲学家认为，在宇宙的中央有火焰存在，太阳仅是一个孔洞，让我们能看见那团火的光芒。得出如此观点，并非出于科学原因，仅是基于一个哲学观点。当时，世间普遍认为地球是宇宙的中心，一切事物都绕着地球转，而公元前 3 世纪的天文学家阿里斯塔丘斯（Aristarchus）提出了另一种更为深思熟虑的观点。

阿里斯塔丘斯描述其理论的著作原件已经佚失，但阿基米德（Archimedes）在《数沙术》中引用了阿里斯塔丘斯的理论作为参考。阿基米德写道："萨摩斯岛（Samos）的阿里斯塔丘斯写了一本书，其中有一些假设，以之为前提可推论出现实宇宙比我们目前认知的宇宙大许多倍。他的假设认为，固定不动的恒星以及我们的太阳不会移动，地球以圆周形式绕太阳运动，太阳位于地球轨道的中央……"

然而，此后的一千多年，几乎没人再对阿里斯塔丘斯提出的观点进行更深入的思考。有趣的是，从参照系的角度出发，传统观点认为的太阳绕着地球转完全正确。人类居住于地球表面，会自然地以地球表面为参照系，从这一参照系看，太阳确实绕着地球转。这一观点的问题在于，按其描述，不仅是太阳每 24 小时会绕着我们转一圈，宇宙间其余所有事物皆应如此。因此，尽管以地球为参照系来看这一问题并无过错，但它却与"正确"观点相差甚远。"正确"观点是，地球以天为周期自转，以年为周期绕太阳公转。

要达成现代天文学观点，我们必须将自身从地球这一参照系中解放出来。以太阳表面为参照系仍然不行，因为这一天体如地球一样也在旋转。我们现在要采用的参照系将会与宇宙间那些明显的旋转运动同步旋转，且位置位于太阳中心。再次提醒，这是一个为了方便而作出的假设。宇宙间并没有绝对的参照系，没有任何参照系可以成为测量其他所有运动的依据。

出于名气以及因发表自己的结论受到的审判，伽利略的名字经常与地球绕太阳公转这一观点联系在一起，但他仅是传播了前人哥白尼的观点。在确定自己的职业上，哥白尼走了弯路，他先后学习了文学、教会法及医学，最后才走上了天文学。哥白尼闻名于 1500 年，当时他 27 岁，在罗马进行了一次演讲。

严格地说，哥白尼是神职人员，他领着波兰弗龙堡教堂（Frombork Church）的教士薪水，但他研究的却是医学与天文学。质疑地球中心系统在他的早期作品中就有体现，但集成主要成果的《天体运行论》（*De Revolutionibus Orbium Coelestium*）直至临终才获得刊印。

哥白尼的创新带来了两方面的参照系转变——第一，物理学上实际存在的参照系发生了转变，参照系自此脱离了地球表面；第二，人类观念上的参照系发生了转变，这使我们对宇宙的运转方式有了新的认识。这种转变提醒我们，参照系具有主观性。我们在地球表面，用"日出之时"谈论太阳升起显然更实际，我们不会说，"因地球旋转而使地平线下沉到太阳在一日之中第一次出现的时刻"。①

科学总与创新携手前行。一位科学家要发展出一种新理论，必须突破旧观点——采用异于前人的思考方式理解事物。改变参照系，并研究新的参照系带来的效应，对科学理解宇宙至关重要。

滑溜的玩意

我们喜欢将科技进步描述为高智商人群的驱动结果。科技进步来自谨慎且逻辑化的评估，它让我们积累的知识不断增加，使我们理解宇宙的能力越来越高，这与参照系具有高关联。不过，参照系还与一些现频率惊人的事件关联，即偶然误解或事故。

对于上述说法，我举一个例子以阐述，该例不仅涉及数个参照系的转变，还涉及了一项经典的创新神话。美国航空航天机构 NASA 一直备受外界压力，需要证明自己的存在价值。NASA 告诉人们，许多技术上的进步都来自 NASA 项目的副产物。比如，NASA 指出，若不是他们需要在飞船上部署紧凑型电脑，个人电脑不会获得如此快速的发展。不过，将电脑的进步归功于 NASA 有些勉强，但像记忆海绵这样的发明，NASA 的功劳很大。

最有趣的是那些被错误归功于 NASA 的发明，如太空笔。常有人说，NASA 耗资数百万美元研发一种圆珠笔，希望能在零重力环境下书

---

① 一些人会谈论世上没有离心力，事实上，牛顿的观点就涉及了离心力。比如，一辆小车高速过弯，必须有力作用于小车阻止其沿直线飞出，它就是向心力（指向弯道中心）。同时，在小车内，我们会感到离心力欲将我们向外抛出。这两种效应截然相反。人们通常认为向心力真实存在，它作用于车而非乘客。乘客会沿直线移动，直至贴在车辆远离圆心的那一车内侧壁。故而，乘客会主观地认为他们受到了离心力的作用，离心力让他们向远处移动。在某种意义上，这种评价是正确的，即当你从一个与地表相对固定的外部参照系观察车内情况时。然而，就车内乘客而言，他们通常会以车辆为参照系——在乘客看来，他们与车并无相对运动。基于这个参照系，离心力必然存在——在这一参照系中，乘客并无主动运动，何处的力让乘客感觉自己被迫地在"进行直线运动"？

写，而俄国人选用了铅笔。事实上，美国太空笔的确存在（太空笔优于铅笔，易断碎的铅笔笔芯会大大小小地飘浮于太空舱），只是它的研发是一家制造商的行为，在未获同意的情况下将 NASA 拉来做了幌子。更常见的是那些比 NASA 这一机构出现时间更早的发明，却被归功于 NASA，典型例子是魔术贴和聚四氟乙烯 [PTFE，一种以特氟龙 (Teflon) 作为商品名的不粘材质)]。

瑞士工程师乔治·德梅斯特拉 (George de Mestral) 注意到植物上的毛刺黏着在衣物上的现象。随后的 1948 年，魔术贴首次获得了专利。在这一过程中，德梅斯特拉将自然界中恼人的一面转变为了强大的销售契机，这是经典的参照系转变。PTFE 的发展则更多地依赖于偶然性。与魔术贴的情况类似，PTFE 被 NASA 大量应用于宇宙飞船及宇航服，但 PTFE 的出现甚至比魔术贴还早，可追溯到 20 世纪 30 年代。

1938 年，美国工程师乔治·普伦凯特 (George Plunkett) 在新泽西 (New Jersey) 的一家化工厂工作，他在实验中探寻可用于电冰箱的气体。普伦凯特当时正研究四氟乙烯，这是一种简单的分子——它有两个相互连接的碳原子，每个碳原子又分别连接了两个氟原子。操作这种气体必须小心谨慎，因为在某些条件下它会发生爆炸。因此，在处理装过四氟乙烯的罐子之前，必须确保它的内部已无四氟乙烯残留。人们采用了一种简单的技术检测罐子内是否还有内容物——灌装前称重，使用过程中称重，比对重量以检测是否处于空罐状态。

试验中，普伦凯特发现，有一个罐子耗尽的时间似乎提前了很多——且称重法也表明罐子里有可疑物体。他将罐子带出实验室，放到一个处理危险物品的防爆设施后面，小心地切开罐壁。并未发生气体涌出的情况——相反，罐子里有一种白色的、滑滑的塑料样沉积物。人们早就知道，乙烯可以形成长链或聚合物结构，具有这种结构的物质被称作聚乙烯。普伦凯特很快意识到四氟乙烯已在高压下发生了反应，而后这一点得到了证实——在铁罐的催化下，四氟乙烯发生了聚合反应，形成了聚四氟乙烯，缩写为 PTFE。

后期的研究发现，此种物质的光滑度在自然界中前所未有。氟原子能使这一物质具有疏水性，且在结构上几乎不给其他分子留下附着地——壁虎可依靠范德华力在光滑的墙壁上爬行，但在 PTFE 面前依然无能为力。

雇用普伦凯特的杜邦（DuPont）子公司很快为这一物质申请了专利。受当时刚获专利批准的尼龙的命名启发，他们将聚四氟乙烯命名为特氟龙。因为 PTFE 的开发完全在工业环境下完成，所以最直观的用途是用于加强阀门和接头的密封性能——直至今日，管道工业仍在使用这一方法。然而，后来发生的事告诉我们，一群对该领域了解不深而无畏的人，具有更好的改变参照系的机会。

20 世纪 50 年代初期，法国工程师马克·格雷戈尔（Marc Grégoire）在自己的渔具上使用了一些带状的 PTFE。格雷戈尔的妻子用截然有别于丈夫的眼光看待了 PTFE。她想，若能将这种光滑的物质覆盖于平底锅，也许能避免食物粘在锅上。作为工程师，格雷戈尔对 PTFE 可能的这个用途态度谨慎，他思考着 PTFE 在平底锅可能达到的温度下会发生什么。不过，在妻子的劝说下，他认为值得一试。

实际上，温度并不是问题，一个新问题遭到了忽略——PTFE 这种不具有黏性的物质如何粘到平底锅上。最终，他通过转变参照系解决了这一问题——他选择改变平底锅。传统的平底锅内壁光滑，以减少其粘住食物的能力。此时，格雷戈尔需要平底锅内壁具有黏性。他用酸腐蚀平底锅内壁，他发现，当将 PTFE 粉末撒在锅内壁并进行加热时，平底锅可利用凹坑粘住 PTFE。1956 年，格雷戈尔的小公司开始制造第一批不粘锅，他在特氟龙这一名称基础上，以特福（Tefal）作为不粘锅的商标。

诚然，一种不粘物质代表的进步或许并不能与人类能力飞跃的那一类进步相比（如书写），但它却诠释了参照系转变具有多种实现方式。

宇宙相对论 猿猴中的佼佼者

人类已超越了生物界可企及的极限。鸟儿花了数百万年进化出了飞翔能力，人类可以乘飞机遨游于云海。

我们已实现了太空之旅，没有其他任何动物能媲美人类的这一能力。不过，这是一种具有极高尝试性的冒险。人类进行过的全部太空旅行均在一代人的生存周期内实现。试想，人类可再延续数百年且人类文明并未自我毁坏，太空旅行无法成为一种普遍现象显然不可思议。一旦太空旅行司空见惯，我们将有机会实现进一步的发展——见证人类扩张到地球之外的地方，至少在原理上可以实现。这正是人类有别于其他地球生命的一个鲜明特征，也是生物学家要努力去接受的观点。

进化生物学家很快会指出，人类并未高高盘踞于进化金字塔的峰顶，因为进化无止境，进化之巅这一概念没有意义。在自然选择的大浪淘沙过程中，现代智人被留存下来，并非因为我们比祖先更"优秀"，而是类人猿祖先经历了一系列提升，形成了我们今天的模样，即传统上的"人类进化链"理论。进化并没有明确的方向，不过，这并不影响我们对进化这一漫无目的过程作理解并保留我们认为的观点：人类是某种意义上的特例。

图 10　人类进化链

许多生物理论学家不喜欢"人类是某种意义上的特例"这一观点，

他们甚至选用了"例外主义"这样的词。然而，站在客观观察者的立场，就人类对宇宙本质的理解、人类的沟通与理解能力、人类改变环境的能力、人类增强自身至其生物学极限之外的能力来看，似乎不得不将人类看作地球生命形式中的例外。

　　一些理论学家认为，避开拟人论，单纯地站在生存能力的角度对物种作比较，人类的生存能力并不如我们预想的那般出色。我们不应赋予人类任何特殊地位。在物理学家布莱恩·考克斯（Brian Cox）编剧并解说的《人类宇宙》系列节目中，古生物学家、杂志编辑亨利·吉（Henry Gee）的一段评论很有说服力：

　　　　现在，有这样一个观点——独一无二让我们鹤立鸡群。我大吃一惊，因为这种观点毫无意义。长颈鹿是独特的，它能做到别的物种做不到的事；大黄蜂、短尾矮袋鼠、熊狸、籁杜鹃、秋海棠、袋狸亦如此。凭着自己的特性，每个物种都是独特的，人类只是其中一种。通过某些定性的方法将人类定位为某种特别的物种，并称作人类例外论（或人类中心主义），这会不可避免地带上主观色彩。事实上，我们的确更易接受自己是独特的，因为我们就是裁判。

上述观点（人类中心主义）具有限定条件——我们的思想以及因这些思想带来的创造力成就的事业，让我们在已知物种中卓尔不群。

　　在《人类的攀升》中，雅各布·布罗诺夫斯基指出：

　　　　人类是一种奇特的生物。人类所具有的一系列天赋，让他们在动物中卓尔不群；因此，人类与动物不同，他们不是棋子，他们是执棋人。

我们缺少对环境的特异适应性，布罗诺夫斯基认为这恰是人类的一项珍贵能力。它意味着我们可以适应于任何环境，它并非人们最初认为的一种巨大缺陷。他认为我们相当糟糕的"生存技能树"已被证实具有广泛适应性，托福于这些技能，我们能直面许多不同的潜在威胁。它让我们有了一项独一无二的能力，使我们不仅能适应于某个环境，还能改变环境。一般地，我们少于通过局部性改变（修棚屋或挖窑洞）作用于周边环境，而是彻底改造周围世界以使其适应我们的需求。

一些观点认为，许多物种并不需要人类表现出的创造力。这些观点成立的前提是，生物延续的环境不发生改变。如环境发生巨变，缺少创造性的物种将难以幸存——看看曾经的恐龙，想想它们的消失。

尽管许多生物学家认为现存的众多生物（鸟类）仍能被划归为恐龙总目，但非禽类恐龙早已被环境巨变灭绝，如小行星撞击与火山活动。在地球上，我们是唯一表现出具有潜力的特种，可以在巨变中得以幸存，至少在理论上如此。我们可以改变周围的环境，或是离开自己的母星迁往另一星球，以更好地生存。

人类的创造与革新为我们的模型宇宙注入了最后一项元素。回头看看，我们会发现，找到一个共同的参照系难度极大，这意味着科学家与公众很难互相理解。虽然科学家已能将有关宇宙的最佳模型总结分析，但他们却发现自己很难清晰且有效地描绘科学本体，也难以得到公众的理解与支持。在缺少共同宇宙观的情况下，要清晰地看透人类在宇宙中所处的地位，似乎难以企及。

9 基本关系

在柏拉图的想象中，世间有一个凌驾于一切的绝对存在。与这一绝对性存在相参照，我们的所知所做都是投影。即使今天，他逝去的2 350年后，我们依然为他的这一想象困扰。在人类对宇宙最古老的理解方式中，经常需要绝对参照存在。

现实中，许多人迫使这一世界以及我们的科学尽可能地构筑于理想化与绝对化的基石之上。我们希望科学非黑即白，我们希望科学能带来绝对真相，将科学的聚光灯转到"绝对真相"上。当科学家将他们所讲的某些内容加上附带条件时，我们会感到沮丧，公众对附带条件的厌恶强烈。这诱使科学家倾向于消除附带条件，倾向于将陈述的内容描述得有效、可靠，仿佛他们坚信这些理论与模型是稳定的绝对真相。当科学家面对访谈类节目时，上述情况更易发生，录制时间不足以令他详细解释。

我们（科学家以及节目主持人）需要铭记，科学永远具有临时性。科学能做的，只是向我们提供尽可能吻合当前数据的模型——明天的新数据很可能导致旧模型被抛弃。模型（从大爆炸的宏观景象到量子理论中的微观细节，多数科学都采用了这一形式）所能提供的只是依据某一智力参照系形成的观点，从古至今皆如此。我们自相矛盾地说着光是波，光是粒子……光是量子场中的扰动，不同的说法取决于不同的参照系。

对科学家来说，转身接受截然不同的观点，只是一个迷人新视野带来的自然结果。转向正确，则会成为拍手称快的一件事，应当鼓励。

　　当然，在转变观点时，科学家也需要一些时间，如美国物理学家罗伯特·米利肯。他最著名的言论或许是确定了电子携带的电荷量，但在支撑量子理论方面他也提供了重要证据——即便他尝试着反对量子理论。在解释光电效应时，爱因斯坦将光看作一组一组的粒子（源于爱因斯坦1905年发表的论文，他还因此获得了诺贝尔奖），米利肯坚信爱因斯坦错了。米利肯认为，光是一种波。他在最初接受物理学教育时老师就如此告诉他，且也有很多证据支持这一观点。

　　为了反驳爱因斯坦，米利肯开展了一系列实验，以过去未曾企及的详尽程度记录了光电效应中的数据，但结果却确认了爱因斯坦的理论。米利肯对自己的错误感到愤怒，但他的实验证据压倒了一切，且这些证据的重要性立即得到了其他学者的肯定与赞扬。通常，做出某种出乎意料的、改变思想的发现，会立即被科学家列为成就；仅是对当前已有知识的确认，不会加深我们对宇宙的理解。找到某些新鲜玩意，尤其是与前人理论相冲突的东西，并基于此开拓出全新的道路令人兴奋。

　　在掌握科学本质的过程中，理性是可资利用的最佳工具。而理性也存在一系列问题，核心是它仍然具有相对性元素。心理学家最钟爱的一个游戏，趣味性地强调了理性的本质，最后通牒博弈。游戏中，两名参与者中的一方决定如何在双方之间分配一笔固定数额的金钱，另一方决定是否接受这一分配方案，若后者拒绝接受这一分配方案，分配将不能执行。

　　用绝对的观点去看待理性，上述游戏中给予后者的金钱金额将变得无足轻重。无论后者得到了多少，皆为未付出任何代价的情况下获得。从这一观点出发，后者无法拒绝前者提供的金钱。然而，人类的理性认为，获得的相对量比绝对量更重要。因此，博弈的结果是，如果后者发现自己获得金钱的比例不够高，会拒绝这笔免费的金钱。因为他们会感到，前者狮子大张口地拿走了大份额的金钱不公平——只有在金钱总额巨大的前设下，小比例的份额才能得到接受，绝对性开始占据主导地位。对人类理性的真实看法，必须将环境因素考虑进去。如此，相对性观点非常重要。

也许，你会说，游戏里的一切都很棒，但毕竟是游戏。我们也有实际案例能说明正确参照系对理性至关重要。有充分证据表明，人们的幸福感更多地取决于我们相对于他人的地位，而非自己的财富、收入、产业等东西的绝对价值。我们关心自己在银行里的存款，但我们更关心贫富之间的差距有多大，以及我们在整个社会中所处的经济地位。我们以相对的眼光看待自己，以及身边的世界。

《幸福的水平》一书中的证据更透彻。书稿采用统计数据证明了不平等情况对生活质量的侵蚀性作用。作者凯特·皮克特（Kate Pickett）和理查德·威尔金森（Richard Wilkinson）的研究表明——"疾病、社会生活缺乏、暴力、毒品、长时间工作、人口过多的监狱"更可能出现在平等度不够的社会中。只有以相对性的观点去看待社会地位与经济地位，才有机会尝试构建一个能运转的社会。

超级结构

在我们尝试建立人类与宇宙之间的联系时，生物学家会尽力避免指向人类属于特殊物种的说法。从心理学观点来看，生物学家的目标是克服人类会自然产生的自我中心倾向。摆脱这样的倾向，对科学的客观性非常重要。人类做过的许多事无疑是伟大且值得称赞的，但不能将人类天生独一无二的想法混淆进去。不过，人们由于执着地对抗这样的倾向，科学也经常矫枉过正，矫枉过正会使科学结论发生偏倚。

天文学家和宇宙学家多少都存在此类偏倚。比如，伟大的弗雷德·霍伊尔强烈反对大爆炸理论，因为大爆炸理论较好地吻合了宇宙神创论的可能性。最近，天文学家越来越先进的望远镜对宇宙进行了越来越细致的探索，他们发现了某些与普遍接受的科学观不同的东西：大尺度结构。比如，在约20亿光年大小的可观测宇宙中有一个巨大的空白带，与其他地方的典型星系密度相比，这一空白带实在太空旷。与之相反，在宇宙中另一位置，却有多达73个类星体排成了一串。

类星体是非凡的光源，任何一个类星体释放的电磁辐射能量都相当于一个星系的量。人们认为，这些辐射由物质掉落进超大质量的黑洞时发出，且这些黑洞正处于年轻星系的中央。那一串类星体形成了一个极大的结构体，有40亿光年长。类似地，还有一个环状结构的密集伽玛射线暴，它贡献了可见宇宙中近6%的伽玛射线。到目前为止，以宇宙学家现有的观点，这些结构皆不应存在。

宇宙学家深信"宇宙学原理"，无论你观察宇宙的何处，宇宙均应呈现均一状态。宇宙学家声称，宇宙中存在大尺度结构这一观点不正确，因为宇宙中不应存在任何特殊区域。

乍一看，宇宙学原理是怪异的。业余的天文学者也能指出，观察宇宙时，根据你观察位置的不同，结果会出现较大差异。"一片无垠的黑色和空旷"与"巨大且耀眼的恒星核反应堆"形成了鲜明对比——除非将"20亿光年大小几近虚无的空白带"与"我们所知的存在于宇宙中的数十亿星系构成的巨大结构"作比较。看看距离我们最近的仙女座星系的螺旋的复杂性（或看看银河系的螺旋），这样的星系与空旷的宇宙明显不同。

然而，宇宙学原理的支持者们认为，不必在意这些类型的结构区别。他们会告诉你，从细节上看，宇宙不会是真正的均一状态。在宇宙学的角度，恒星乃至星系也只是极细节性的结构。问题在于我们的眼界不宽广，我们在一颗渺小的行星上，以人类的尺度去看待事物。如此，恒星或星系自然成为了庞然大物，但实际上并不是这样。宇宙学家会继续说，如果你观察大尺度结构，会发现诸如星系这样的有序结构只是一种可被平均化的单元性结构。以那样的尺度观察，宇宙间各部分不会有明显的差异——宇宙各处大致相同。宇宙间不应有巨大的、几近空无一物的虚无空间；宇宙间也不应有横跨巨大区域的大型结构。然而，站在另一个角度，大型结构与空旷区域却恰好是我们观察到的实际现象，宇宙并非均一。

宇宙学原理的基础有二——哥白尼原则、宇宙各向同性假设。哥白尼原则陈述了地球的位置并无特殊性；宇宙各向同性假设陈述了无论观察宇宙何处，其表现均一致。

宇宙学家称，没有任何理由可认为地球处于宇宙中的某个特殊位置。我们曾将地球置于一切事物的中心，但今天的我们知道这个观点是错的。单纯就地球位置这一观点而言，哥白尼原则已被证实具有正确性。这一原则也被类推于佐证生命"无特殊"的观点——宇宙学家指出，因为我们不能认为地球的位置具有特殊性，所以地球上的居民也不应具有特殊性。

我们在第2章探讨宇宙的概念时，第一次遇到了永恒不变的自然法则及普适常数。宇宙学原理与它们一样，采用了绝对性的观点，仅是为了方便。若没有宇宙学原理，要将物理学理论应用于整个宇宙会变得困难。事实上，将广义相对论从解释行星轨道及物体为何掉落作外推，一直外推到构筑宏大（即便是简化过的宏大）的宇宙模型，其过程正是依赖于宇宙学原理为真的假设。若无这一原理，将广义相对论应用在宇宙这样的尺度上几无可能。不过，世上并无哪门科学在支撑宇宙学原理。

当考虑宇宙学原理全构建于实用主义之上时，令人惊恐的事情出现了。宇宙学家并未基于"宇宙学原理是为了方便"这一立场去深思该原理可能带来的结果，而是将它当作了一种希望、一种信念。宇宙学家已作好了准备，要竭尽全力地从迷雾中梳理出反面的证据。比如，一种假设认为我们在宇宙中所见到的大尺度结构并不存在。有人直截了当地提出，这些结构"仅"是高维空间投影时产生的附带效应。要解释这些高维空间，需尝试将量子理论与广义相对论结合——M-理论。这颇似在坚持某种在感觉上具有合理性的假设，如"天鹅都是白色的"之类的假设。当有人将黑天鹅呈现出来时，他不但不认为自己的假设过于简化，反倒会提出黑天鹅身上的黑色的本质只是视幻觉，因宇宙膜之外发生的维度间黑色泄露所致。

一些对大尺度结构进行的解释看上去不难理解，但却并不容易，比如，这样的结构也许仅出于随机现象。对科学家而言，随机现象是令他们挠头的事情。当提到某事物为随机分布时，我们的自然反应是假设其分布状况呈现大致均匀的形式——但事实上，群集与空隙出现的频率会高于我们预期的随机化程度。举例，如果某地癌症发生率出现了群集现象，我们会自然地假设此地具有某个共同的病因，然后会去寻找它，哪怕这样的群集现象仅是预期会在统计学中出现的假阳性结果。

我们再看一个简单的例子，随机分布的方式会自然地产生群集与空隙，且我们会觉得这是一种合理的结果。比如，我们让满满一盒滚珠（铁）掉落至地板，当这些滚珠停止滚动时，我们不会预期它们能呈现出均匀的分布形式。我们的预期是，某些区域会有聚集在一起的滚珠群集，某些区域只有少量的滚珠或者没有。如果滚珠呈现出均匀分布，很可能是某种结构性的力量指挥了它们——地板下有一组磁铁也许能达成这样的效果。

因此，这 73 个类星体呈现出的结构可能就是这样的一种随机性群集。这一可能性有多大？取决于宇宙的大小——这也是我们无法回答的问题。如果完整的宇宙比我们所能观察到的宇宙（直径大约为 900 亿光年）大很多甚至无限大，类似这样的由类星体聚集成的条状结构可能在多处出现，其中某处恰好落在了我们的可视范围。这就解释了为何这样的结构可以自然地存在，而不需要任何促成因素。但不幸的是，在现有的可观测宇宙尺度下所作的观察，依然对宇宙学原理的正确性提出了挑战，依然在质疑我们的宇宙学家。

精细调整

维多利亚时代的科学家为人类奇迹般的能力而自豪，高估人类作为一个种族的重要性；现代科学家扭转了这一潮流，但矫枉过正。当今科学似乎过度地强调，不允许人类具有特殊地位。现代智人被认为是一种毫无优势的物种，所以在描述现代智人时，人们会尽力确保我们的存在不具有特殊性。同理，这意味着地球不应具有特殊性；太阳系、银河系，或在恰当尺度上看到的某一部分的宇宙，也不应具有特殊性。

"拒绝特殊性"驾驭着某些宇宙学家的思考方向，但令他们苦恼的是，我们的宇宙似乎的确具有多种类型的精细调整方式——针对多种参数与常数，即便它们只改变一小点，生命、行星、恒星、星系或将永不会出现。

宇宙学家与天体物理学家就在这一方面遇到了问题——上述精细调整似乎为迎合稳定的物理学结构及最终发展出生命而设定。如果宇宙失去了形成星系与恒星的能力，我们不会见到行星。如果恒星系失去了稳定，或者恒星与行星失去了适当的距离，我们也不会见到生命。如果失去了适当的化学反应及适当的物质，生命同样很难发生。

此外，与物理学模型的预测结果相比，我们的宇宙在整体水平上似乎呈现出过于平坦（几何学意义上）、均一，且相对空旷的状态。这样的情形是奇怪的——尽管今天宇宙呈现出的现象也是一种可能存在的构造方式，但形成如此平坦、光滑且相对空旷的宇宙的概率非常低。在此，引用宇宙学家李·斯莫林的话：

> 如果一个帽子里塞满一堆纸条，每张纸条记录了一种可行的宇宙构造方式。我们从帽子里取出 10 亿张纸条，得到那张写有类似于我们宇宙构造方式的纸条仍然极不可能。

看起来，我们似乎身处于某种特殊类型的宇宙，这个宇宙在运行时在大尺度上的行为有悖于哥白尼原则，一些宇宙学家开始进行各种假设。

这些构造方式之间的显著差异带来了一条在逻辑上尚未证实的线索——若我们确实居于一个特殊宇宙，只有一种方式可以实现上述情形，即存在多元宇宙（超宇宙）。多元宇宙含有多个不同的子宇宙，子宇宙可以有各种可行的结构、法则及普适常数。在多元宇宙中，我们宇宙的特殊性将变得不再特殊，因为子宇宙集包含了所有不同的可能性，其中一些子宇宙会有适当的、经过精细调整的特征，允许生命在此欣欣向荣。

上述情形可用乐透理论类比——某人获大奖的概率极小，但有人获奖的概率极大。就像我们在第 7 章知道的，某张彩票成为头奖的概率为百万分之一，但因存在大量的人群购买，日复一日，出现大奖获得者的概率会大大提高。与乐透理论类似，有许多宇宙存在，其中多数宇宙具有不同的普适常数值和不同的自然法则，在这些为数众多的宇宙中出现（至少）一个我们这样的宇宙将变得易于理解。支持多元宇宙存在的人援引了弱人择原理，即我们只能在具有生命存在支撑能力的宇宙中观测宇宙，故而我们会发现自己存在于一个能支撑生命存在的宇宙极为罕见。就宇宙的形成方式而言，我们的宇宙是极不寻常的那一类，但多元宇宙中总会有某些宇宙恰好具备这些参数并成为有可能支撑生命存在的宇宙。

此类假设可作为我们亲历感受的解释，但它也存在问题：它们的提出并未真正基于科学方法。"在多元宇宙中出现罕见子宇宙"的假设并不能被观测或验证。同时，为何会存在这些特定的法则与常数的组合，此类假设也未给我们提供任何逻辑阐释。

即使多元宇宙真实存在，多元宇宙的理论也不能解释为何在这一交通隔绝的体系内会出现不同的普适常数与自然法则。若不同的子宇宙间需要具有不同的常数与法则，那么，它们之间必须存在某种宏观的事件或交通方式。正如斯莫林所说：

> 虽然这一观点看上去引人入胜，但它本质上只是玩了一个花招，它让一个失败的解释摇身一变成为了一个表面上成功的解释。这一成功的解释是空洞的，因为任何可以在我们宇宙中观察到的结

果，均能被解释为在多元宇宙中另一处（在概率上）会必然发生的事件。

实际上，这类多元宇宙的假设只是寻求真相过程中的科学幻想。它确有一定的趣味性，让一些投机宇宙学家有了素材，撰写出无穷尽的文字，但并不具有科学价值。多元宇宙甚至不是一个必要的假设。设想出多元宇宙是为了解释某个宇宙存在的可能性有多低，但在无穷尽的宇宙构造可行方案中，任一可能形成的宇宙其出现概率都无限趋近于 0。因此，让我们回到起点，即只有唯一宇宙这一假设上。

想象以下情形：你到了一条繁忙的高速公路旁，记下了第一辆通过某座天桥下的车辆的车牌号"BC15 GDS"。在这条路上经过的数以百万计的车辆中，此车通过你作记录的那座桥的概率是极低的，然而它却真实发生了。类似地，如果只存在一个宇宙，这一宇宙具有某种特定法则、常数，及其他各种情况的组合的概率是极低的，然而它却真实发生了，因为它必然具有某种概率值。

一旦我们拥有了一个唯一的、恰好具备生命所需参数的宇宙，我们就能再一次捡起弱人择原理，声称假若这一宇宙没能成为上述特定类型的宇宙，我们将不能思考并探索宇宙。我们的宇宙成为这样一种形式（或其他任一特定形式）的宇宙在概率上极低，但它一旦形成生命就成为了可能。假若宇宙没能以这样的形式出现，生命也不会出现，更不用考虑物质的存在。

坚信多元宇宙论的人认定，我们的宇宙按这样的形式形成，一定存在某个绝对的外在因素。抛弃绝对论观点，我们可以拥抱一个更有意义的方式去探索我们的境况。如果我们能接受人类所处宇宙无需多元宇宙论也能存在的观点，将能探索一些更有意思的问题，一些在多元宇宙论中遭到忽视的问题。为什么自然法则与常数必须以这样的方式存在？在多元宇宙中，这不需解释——相比众多子宇宙，我们只是凑巧存在于这个具备了这些法则与常数的子宇宙。

类似地，抛弃多元宇宙论，我们还能考虑另一个有趣的可能性，即常数与法则可以随时间而发生变化。在绝对论观点中，我们的宇宙与生俱来地具有固定的、不随时间发生变化的法则与常数体系。在寻求宇宙为何会具有那些法则与常数的道路上，脱离绝对论观点，就迈出了富有价值的第一步。

相对论宇宙 封闭系统不存在

如李·斯莫林曾指出的，物理学中有一个被称作牛顿范式的常用方法。这一方法给一个封闭系统（如实验室中进行的某项实验，或某颗恒星，或宇宙）赋予一系列初始条件及自然法则。如此，你将能预测这一系统未来会发生什么（这正是初始条件与法则的结果）。即使这一系统中有概率事件发生，如量子理论中发生的情况，牛顿范式依然可用。但这一方法的问题在于，它不能用于探索法则与初始条件为何在最初时存在。要解决这一问题，必须采用一个完全不同的切入点。

"封闭系统"这一假设也许是解决这一问题的关键。科学研究中，我们总假设自己能将某实验置于一个盒子内并令其与周围环境完全隔离。但在真实世界，这几乎不能发生，这也是进行精确研究（如不同食物与生活方式的选择会严重影响人们对健康的研究）会面临巨大困难的原因之一。在真实世界，我们不能将人放进盒子并完全控制他的生活，只留下需要研究的因素由其自由发挥。人并非一个封闭系统，他与周围的世界存在许多互交。

类似地，物理学也没有完美的封闭系统，如引力。世界上，不存在某种盒子，可使我们放入的物品免受盒外引力。赫伯特·乔治·威尔斯在《最早登上月球的人》里描述了一种名为克物瑞特（cavorite）的物质，它能制造反重力盾。反重力盾与物理学中的能量守恒定律相冲突。如果重力可被屏蔽，我们将能打破能量守恒并制造出永动机。

　　构想一架传统水车的工作可帮助你理解这个问题。水车每片桨叶都有一面被涂上了克物瑞特，涂层面屏蔽地球引力。此时，桨叶的另一面会受地球引力吸引，产生类似于水作用于桨叶而使水车轮旋转的情形。将发电机连接到这个水车轮上，你能拥有无穷尽的电且免费。事实上，这不可能发生。

　　排开引力屏蔽的可能，我们思考地–月系统的构成时，必须考虑其他天体的引力对地–月系统的影响，太阳和木星至少需要纳入考虑。从原理上讲，宇宙间存在的其他天体，只要它存在的时间足够长，长到能让其引力作用延伸至我们这里，它就能对我们产生微弱的影响。牛顿范式中针对封闭系统而构建的初始条件与法则，只是为了方便研究而采取的简化手段，而非对现实的精确描述。

　　看上去，我们将宇宙视作一个整体并假设宇宙有限故能视其为封闭时，人们或许认为自己找到了真正的封闭系统。某种意义上看，这是正确的，但它仍然有别于物理学钟爱的那类封闭系统。核心在于，我们（以及科学家）处于此封闭系统的内部。在物理学上假设的封闭系统中，实验者通常独立于实验对象。量子理论对宇宙封闭系统提出了质疑，但宇宙学却不得不将这一质疑全然忽视。从定义上讲，我们是宇宙的一部分，我们无法从外部观察这一系统。如果宇宙无限，或者宇宙有限但无边界，我们会面临更大的挑战，因为我们没有办法将宇宙与外界的影响（严格地说，在有限但无边界的情况下，这一影响是内部的自发作用）隔绝开。

　　寻求理解自然法则为什么会以这样的形式出现，意味着我们需用异于牛顿范式的观点思考。新思考能否推而广之至其他事物，目前尚不清楚。

　　在斯莫林与哲学家曼加贝拉·昂格尔（Mangabeira Unger）的合作（《奇异宇宙与时间现实》）中，斯莫林提出，要形成一条解释自然法则及宇宙初始状态的原理，需要三条原则，"第一，只有一个宇宙；第二，时间真实存在且自然法则随时间而变化；第三，数学是描述自然的必需的强有力的工具。"

这是一些有趣的观点。事实上，证实一元宇宙的证据并不多于多元宇宙。仅从奥卡姆剃刀原则（Occam's Razor，简约法则）看，斯莫林的观点似乎具有合理的起点。奥卡姆剃刀通常被解释为"选择假设最少的假设"——原始表述为，"除非必要，否则永远不要选择多元性"。回到一元宇宙观点，"除非有具体证据证明多元宇宙存在，否则不应提出多元宇宙"。多元宇宙的支持者则说，"宇宙以我们所见的这一特定形式形成的概率极低，故而，我们的宇宙必然是众多宇宙中罕见的一个。"

一些物理学家认为，时间并非不存在，只是时间的"流动"与多数物理学过程无太大关系。斯莫林提出，如果自然法则在宇宙存在的时间内发生了变化，则不能认为自然法则与时间无关。斯莫林认为法则会变化，固定不变的法则不可能有机制令宇宙发生变化以磨合至当前状态。如果法则不变，就得有某类来自宇宙之外的机制在宇宙之初将法则强加于我们，无论是神灵或是诞生出我们宇宙的前任宇宙的余烬。

在詹姆斯·布莱什（James Blish）的系列科幻小说《飞行城市》中，有一段感人的插曲。这套科幻小说以一段冒险故事开场，故事中出现了一个极富想象力的"重力极化器"——此装置能使整座城市从濒临灭亡的地球上拔地而起，以超光速的速度进入太空并继续航行。小说的结尾极具哲学意味，布莱什幻想了宇宙的末日场景（20世纪50年代科幻作品的普遍风格）。

书中没有主角光环，也没有从天而降的救星。尾篇，宇宙走向了终结。主角们找到了一个特定位置，若某物品能在新宇宙诞生之际获得幸存（即便时间极短），存在于此特定位置上的物品将定义新宇宙的法则与本质。通过特殊的技术，每一位主角都成为了自己在新宇宙的种子。这样的技术在我们生活的世界或许不存在，但在布莱什的世界有，作者畅想了法则的起点。

在斯莫林与昂格尔提出的原则中，最后一条最奇怪。他们认为，尝试解释自然法则的起源，描述真实宇宙，数学必不可少。他们为何会有这样的见解，我全然不知。早期计数数学的基础与真实物体紧密相联，但数学很快演化出了自己的生命。我们今天知道，数学独立于宇宙而运转，我们通常能通过数学模型推导出符合宇宙实际情况的有用结论。数学与实际情况具有联系，这或许就是斯莫林与昂格尔的观点支撑。

的确存在这样的情况，现代物理学倾向于从数学而非观察和实验中得出，一些物理学家对此担心。也许，斯莫林和昂格尔的想法是，如不将数学立于核心，特定定律和常数或许很难解释。实际上，物理学的前进，数学也许并不必需。

如果数学是一种可用来建立现实模型的任意工具（这似乎更有可能），它的确能在探索自然法则起源的过程中发挥作用。不过，我们需要知道，数学不是自然世界的绝对尺度。

宇宙相对论 为宇宙选择参照系

我们通常会将许多事件认作绝对性事件，只有摒弃这样的想法并接受相对论观点，才能科学理解宇宙与人类。只有正确认识并理解相对论，才能与相对论的错误使用方式挥手告别，如一些模糊说法："任何事物都是相对的，故而所有理论皆有等同的价值。"对我们而言，理解相对论的重要意义，以及正确评价人类迄今的成就非常重要。

这并不意味着我们要回到 19 世纪，将人类当作生命形式的巅峰；更不意味着回到更远古的境况，将人类与地球置于宇宙的中心。我们知道，人类仅是浩瀚宇宙中渺小的一分子。我们知道，自己仅是进化历程中的一个阶段，在进化历程中的未来生命可能走向许多截然不同的方向。毕竟，进化不受任何指引，没有某个终极的绝对目标。进化总是依据生命所处环境以及生存竞争而作用。根据时间跨度的不同，这样的作用可以量变或质变的形式出现。

这并非对"人类是一种特别的物种"作否定，也非对"宇宙无垠，我们在其中偏居渺小一隅，人类仅是地球上众多物种中的普通一种"作肯定，我们应放下绝对的世界观。借凯特·皮克特和理查德·威尔金森的话说，"这等同于用某人银行账面上的绝对资产而非相对资产对某人作评价"。

科学观并不是绝对性观点，无论物理学、生物学，相对论都参与其中并发挥作用。在对人类地位作定义时，必须纳入我们所能获得的多种参照系。

如同我们在前文读过的，确有合理的证据证明，生命（尤其是复杂生命）在宇宙中是罕见的，我们在所有的存在形式中是少数派。我们构筑了创造性并使用它增强了自己的能力，使我们有别于地球上的其他物种。我们在科技方面取得的快速突破由最近 2 000 年时间获得，令人惊叹。相较于人们所知的其他生命形式，我们应为人类的成就而欢呼。

归根结底，要维持我们这种靠技术支撑的生活以及人类的未来，理解科学与社会的关系至关重要。理解我们与其他生物的关系、理解我们为何要寻找地外类地行星，参照系的选择至关重要，相对论是不可或缺的工具。相对论可帮助我们评估科学给人类未来带来的风险与机遇。

作为评估人类能力的重要性路标，以及本书构建宇宙模型时不断重复出现的主题，相对论具有重要地位，我们必须将其置于科学的核心。

附录：简明狭义相对论

　　阅读本书，并不意味着必须阅读以下附录。相对论涉及的数学问题令爱因斯坦头疼，但实际上，高中水平的数学就能理解狭义相对论知识。如果你对此充满好奇，我将给你一个机会，去看看恒定光速如何带来了时间扭曲效应，这是爱因斯坦在狭义相对论中提出的不同寻常的现象。

　　以下内容会涉及一些方程式。你也许还残存着学生时代对方程式的困惑和恐惧，我想告诉你，方程式仅是一种便利手段，让数学更易于理解并易于操作——具体到我们的实际情况，更易于对物体的行为建模。方程式中的字母，只代表一些简单的东西。在这些字母中，一些代表常数（有用的数字），如我们用 c 表示光速，不用写成"真空中的光速"或"299 792 458"。

　　一些字母代表变量。相比常数，变量更难理解，但却很有用。变量就像一个筐，你可以向筐内装入任何与你的目的接近的东西。举例，我们经常会遇到变量 v，它代表速度。变量 v 的好处在于我们能代入与研究相关的任意值——当研究一艘航行速度为"100 000 千米/时"的宇宙飞船时，只需将"100 000"代入 v 即可。

　　变量唯一的限制性条件是单位，如"千米/秒"，用以描述所使用数字的尺度。当然，你可以选择自己喜欢的或者符合自己需求的单位。在速度这一例子中，这一单位表示单位时间内移动的单位距离。因此，我同样也能使用"英尺/年"或者其他单位。唯一需要注意的是，一旦你决定了距离的单位，必须在全方程中使用相同的单位，以避免不必要的麻烦。

我们用限速的例子帮助理解为何要对方程中的单位作统一。如，某条道路限速标识为 60，它表示限速"60 英里/时"。此时，假设你汽车仪表盘速度显示为 120，你给交警辩解，"我的速度为 2（2 英里/分），非 60"。这样的辩解是无力的，"2 英里/分"等于"120 英里/时"，已严重超速。

为避免多样性的单位，科学体系定义了一套标准单位，称为 MKS，代表米（metres）、千克（kilograms）、秒（seconds）。因此，我们通常认为，科学家①均采用"米/秒"衡量速度。如此，光的速度表达为略低于"300 000 000 米/秒"。

希望大家不再对方程式感到畏惧，现在来看看全世界最著名的方程式：

$$E = mc^2$$

此方程式具备了方程式的所有基本要素，以一种简单易懂的形式呈现。方程式之所以成为方程，是因为它的等号。等号告诉我们，方程式的左侧（E）与右侧（mc^2）具有相同的值——它们是相等的。因此，方程式是等式的一种。在这个方程式中，c 是常数（光的速度），此处它进行了一次平方，自己与自己相乘；能量（E）与质量（m）是两个变量。我们可以对两个变量中的任意一个赋值，就能得出另一个变量的值——知道能量，就能计算出等效的质量；知道质量，就能计算出等效的能量。

在使用狭义相对论的各个方程式时，我们需要学会区分不同的变量，如地球上的时间与宇宙飞船上的时间。在传统的相对论书籍中，表

---

① 天文学例外，天文学家不能完全地与其他科学家一致。他们不但不用米衡量距离，还使用了两种不同于距离的单位：光年与秒差距。他们将除氢和氦以外的物质（例如碳、氧）都称金属。

述两个不同"参照系"时会用一组普通变量（v 与 t）及一组加了一撇的变量（v' 与 t'）。我认为，用明确的标记更清楚，例如 $t_{地}$ 与 $t_{船}$。也许，学术界不这样做的原因，部分源于他们需要面对的方程更复杂，部分源于黑板上的书写更简单。但在图书中，有了恰当的排版，我们可以奢侈一下。

我之前介绍过狭义相对论的起点，光时钟——在一艘处于航行状态的宇宙飞船中，一束光以垂直于航行方向的角度在镜子间上下反射。在飞船上的宇航员看来，光在垂直地作上下运动；在地球上的观察者看来，光以一定的角度呈斜向运动，因为光束从光时钟顶部运动到底部的过程中飞船发生了位移。

为解释时间膨胀带来的非凡效应，我们为光时钟绘制了一幅思想图像，只涉及了基础几何。需要强调的是，无论以何种方式运动，光的运动速度恒定不变。

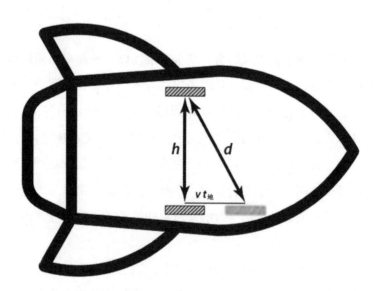

图 11　光时钟示意图

我们以飞船上的宇航员的观察角度展开阐述。设光时钟的高度为 h。通常以 c（常数）代表光速。因此，光运动的距离 h 等于 $t_{船} \times c$，其中 $t_{船}$

是观察者在飞船上的观察时长。

现在，我们离开飞船，以地球的观察角度回看这一事件。我们发现，光在斜向上进行运动。根据毕达哥拉斯定理（Pythagoras' theorem），我们能计算出光运动经过的距离，设其为 d。三角形的另一边（图 11 中三角形的底边），就是观察时间内飞船向前移动的距离。这一距离等于飞船的运动速度 v 乘以地球观察者的观察时长 $t_{地}$。为了保持等式简洁，我们按惯例省略乘号，因此 v 乘以 $t_{地}$ 写作 $vt_{地}$。

根据毕达哥拉斯定理（勾股定律），$d^2 = h^2 + (vt_{地})^2$。由于光速恒定，我们得出距离 d 为 $ct_{地}$（光速乘以观察时间）。因此，方程式可写作：

$$(ct_{地})^2 = h^2 + (vt_{地})^2$$

等式两边同时减去 $(vt_{地})^2$：

$$(ct_{地})^2 - (vt_{地})^2 = h^2$$

……提取公因数：

$$t_{地}^2 (c^2 - v^2) = h^2$$

方程式两边同时除以括号内的算式：

$$t_{地}^2 = h^2 / (c^2 - v^2)$$

之前，我们提到过，h 等于 $t_{船}c$，将其代入上面的方程式：

$$t_{地}^2 = t_{船}^2 / (c^2/c^2 - v^2/c^2)$$

211

即：

$$t^2_{地} = t^2_{船}/(1 - v^2/c^2)$$

最后，我们将方程式两边同时开平方：

$$t_{地} = t_{船}/(1 - v^2/c^2)^{1/2}$$

其中，1/2 是指对括号内的部分整体开平方。现在，方程式完成了。我们通过一个简单假设得出：在光速恒定且与运动状态无关的情形下如何出现了时间膨胀。上面公式真实存在，即狭义相对论推导出的时间膨胀公式。

也许，你的代数水平一般，阅读此段讲述或许感到困难。然而，对16 岁的高中生而言，这些内容皆应掌握且不会令他挠头——推导这些内容用不了一页纸的篇幅。

现在，通过在方程式中代入飞船的速度，我们可以立即见证运动如何实现时间旅行。假设飞船运动速度为 1/2 光速，时间膨胀公式会告诉我们：

$$t_{地} = t_{船}/[1- (c/2)^2/c^2]^{1/2}$$

……即：

$$t_{地} = t_{船}/(1-c^2/4c^2)^{1/2}$$

约去 c^2：

$$t_{地} = t_{船} / \left(1 - 1/4\right)^{1/2} \text{或} t_{地} = t_{船} / \left(3/4\right)^{1/2}$$

3/4 的平方根约等于 0.866，因此：

$$t_{地} = t_{船} / 0.866$$

……这一方程式等于：

$$t_{地} = 1.155\, t_{船}$$

这就是我们计算的时间旅行。如果飞船以 1/2 光速航行 10 年，当它回到地球时，地球上的时间已过去了 11.55 年。飞船的航行速度越接近于光速，v^2/c^2 越接近于 1，时间膨胀公式底部的数值会越来越小，系数会越来越大。飞船的速度越接近光速，地球观察者看到飞船上的时间流逝就越慢——飞船会在时间长河中，航向地球上那更为遥远的未来。

类似地，将光时钟从垂直于运动方向更改为平行于运动方向，我们能推导出运动物体的长度发生缩短。狭义相对论还能解释质量膨胀，通过引入动量守恒定律可以办到。

最初推导狭义相对论的上述效应时使用的方法并不是光时钟。基于 1887 年迈克尔逊-莫雷实验（Michelson-Morley Experiment）的结果，爱因斯坦和同时代的科学家认为光速恒定不变。迈克尔逊-莫雷实验中有一个运动的惯性系，惯性系中有两束彼此成直角方向的光束，实验发现成直角的两束光在运动中的光速一致，且两束光旋转时光速不变。由此结合一些数学知识可推导出狭义相对论效应。我认为，相较于光时钟，它不够直观，故选择了光时钟的例子。

理解相对论就是理解人类在宇宙中的地位。

理解宇宙的基本组成部分如何运作，必须理解相对论，相对论是揭示一切疑问的"参照系"。

在《宇宙相对论》一书中，科学的伟大思想交织并带领我们踏上了一段惊心动魄的旅程，从虚无的空间直抵人类的思想。布莱恩·克莱格搭建了一个模型宇宙，阐述了空间、时间、物质、运动、基本力、生命，以及生命给自然界带来的巨大变革（创造）与相对论的关系，帮助人们科学认识相对论。作者提出，我们的宇宙是不断变化的无定形的相对论世界。

布莱恩·克莱格（Brian Clegg），英国理论物理学家，科普作家。克莱格曾在牛津大学研习物理，一生致力于将宇宙中最奇特领域的研究介绍给大众读者。他是英国大众科学网站的编辑和英国皇家艺术学会会员。出版有科普书《量子时代》《量子纠缠》《科学大浩劫》《超感官》《十大物理学家》《麦克斯韦妖》《人类极简史》等。

他和妻子及两个孩子现居英格兰的威尔特郡。

果壳书斋　科学可以这样看丛书(39本)

门外汉都能读懂的世界科学名著。在学者的陪同下，作一次奇妙的科学之旅。他们的见解可将我们的想象力推向极限！

1	平行宇宙（新版）	〔美〕加来道雄	43.80元
2	超空间	〔美〕加来道雄	59.80元
3	物理学的未来	〔美〕加来道雄	53.80元
4	心灵的未来	〔美〕加来道雄	48.80元
5	超弦论	〔美〕加来道雄	39.80元
6	量子时代	〔英〕布莱恩·克莱格	45.80元
7	十大物理学家	〔英〕布莱恩·克莱格	39.80元
8	构造时间机器	〔英〕布莱恩·克莱格	39.80元
9	科学大浩劫	〔英〕布莱恩·克莱格	45.00元
10	超感官	〔英〕布莱恩·克莱格	45.00元
11	宇宙相对论	〔英〕布莱恩·克莱格	56.00元
12	量子宇宙	〔英〕布莱恩·考克斯等	32.80元
13	生物中心主义	〔美〕罗伯特·兰札等	32.80元
14	终极理论（第二版）	〔加〕马克·麦卡琴	57.80元
15	遗传的革命	〔英〕内莎·凯里	39.80元
16	垃圾DNA	〔英〕内莎·凯里	39.80元
17	量子理论	〔英〕曼吉特·库马尔	55.80元
18	达尔文的黑匣子	〔美〕迈克尔·J.贝希	42.80元
19	行走零度（修订版）	〔美〕切特·雷莫	32.80元
20	领悟我们的宇宙（彩版）	〔美〕斯泰茜·帕伦等	168.00元
21	达尔文的疑问	〔美〕斯蒂芬·迈耶	59.80元
22	物种之神	〔南非〕迈克尔·特林格	59.80元
23	失落的非洲寺庙（彩版）	〔南非〕迈克尔·特林格	88.00元
24	抑癌基因	〔英〕休·阿姆斯特朗	39.80元
25	暴力解剖	〔英〕阿德里安·雷恩	68.80元
26	奇异宇宙与时间现实	〔美〕李·斯莫林等	59.80元
27	机器消灭秘密	〔美〕安迪·格林伯格	49.80元
28	量子创造力	〔美〕阿米特·哥斯瓦米	39.80元
29	宇宙探索	〔美〕尼尔·德格拉斯·泰森	45.00元
30	不确定的边缘	〔英〕迈克尔·布鲁克斯	42.80元
31	自由基	〔英〕迈克尔·布鲁克斯	42.80元
32	未来科技的13个密码	〔英〕迈克尔·布鲁克斯	45.80元
33	阿尔茨海默症有救了	〔美〕玛丽·T.纽波特	65.80元
34	宇宙方程	〔美〕加来道雄	预估45.80元
35	血液礼赞	〔英〕罗丝·乔治	预估49.80元
36	语言、认知和人体本性	〔美〕史蒂芬·平克	预估88.80元
37	修改基因	〔英〕内莎·凯里	预估42.80元
38	麦克斯韦妖	〔英〕布莱恩·克莱格	预估42.80元
39	生命新构件	贾乙	预估42.80元

欢迎加入平行宇宙读者群·果壳书斋QQ:484863244
邮购:重庆出版社天猫旗舰店、渝书坊微商城。
各地书店、网上书店有售。

扫描二维码
可直接购买